LOCUS

LOCUS

LOCUS

LOCUS

Smile, please

韓國人氣

獸醫師教你如何幫毛小孩正確飲食

韓國知名動物醫師兼營養師

王恬中＿＿＿＿＿著

CONTENTS 目錄

推薦序 1

　　在現代社會，因高齡化、核心家庭增加、結婚率及生育率低下等社會現象，寵物對人類的影響逐漸擴大，飼主對寵物的關心也逐漸提高。越來越多專為寵物設計的食品被研發出來，市面上開始有許多高品質的產品流通。如同我們期望給小孩更好的飲食那般，飼主也在尋找更有益於寵物的飲食。然而，很多時候飼主難以確認什麼樣的食物比較適合自己的寵物，這方面的情報也相當不足，所以此時人們需要的正是為飼主編撰的指南。另外，若餵食不合適的食物給罹患疾病的寵物，有可能會使病情惡化或引發代謝性疾病。基於此，我相信王恬中醫師所寫的《韓國人氣獸醫師教你如何幫毛小孩正確飲食》一書，不僅對飼主極為有用，也可為獸醫師帶來極大的幫助。

　　王恬中醫師在台灣出生，於台灣大學專攻農業化學，並在美國馬里蘭州立大學取得營養學碩士學位。另外，她還取得首爾大學獸醫系學士學位，現於首爾大學生活科學學院營養學系攻讀博士課程。她是位前途光明的國際營養學家。王醫師先前已經出版《寵物營養學》一書，該書為飼主及獸醫師提供了許多幫助。

　　希望透過本次出版的書籍，可以確實釐清寵物飲食的誤會和真相，使讀者能給予身邊的寵物正確飲食，讓牠們伴我們共度長久、健康的生活。

徐康文
首爾大學獸醫學院院長

推薦序 2

　　七年前，當我應邀到韓國首爾大學講授小動物臨床營養學的時候，課間休息時有位同學趨前用熟悉的中文向我發問，這就是王恬中獸醫師。

　　我不僅僅驚訝於她能夠在韓國進入了最頂尖的獸醫學院就讀，而且也更驚訝於她其實已經在美國獲得了人類營養碩士後，仍然毅然決然地朝向獸醫的目標前進。當然在看到她對於自己狗兒的專寵時，一切也就了然於心了。

　　王醫師現在仍然在首爾大學攻讀博士學位，並且成立了營養諮詢服務協助解決一般的寵物飼主對於自己心愛的動物有關營養上的疑難雜症。

　　寵物在近年來多半都已變成家庭的一份子，寵物主人們也無所不用其極的想盡辦法來寵愛自己的寶貝。然而寵物畢竟與人類不同，在擬人化的照顧底下，不免常常有些誤解及迷思。非常感謝王醫師能在行醫、研究、及求學的同時，撥冗執筆推廣正確的營養觀念讓每一位主人都能用最正確且適當的方法來餵養動物，以避免營養過剩或是營養缺乏而造成健康上的危害。

　　本書正是每一位寵物照顧者可以據以解惑並依循的知識與方法來照顧心愛的毛孩伴侶。

　　謹此為序。

李繼忠

台灣大學獸醫專業學院臨床動物醫學研究所助理教授

台灣大學附設動物醫院腫瘤治療中心主任

推薦序 3

　　恬中以其豐富的學經歷孕育出這本跟小動物營養有關的著作，教導主人甚至分享給獸醫同儕其對伴侶動物選擇飲食應注意之觀念。書中前文提及一些心路歷程，對其勇往目標邁進不畏艱難之精神深表敬佩。

　　作者具營養學深厚背景又能將其應用於獸醫臨床實務，針對現代社會飼主為其毛小孩選擇食物常遇之困惑進行剖析並以實例輔助說明，有助釐清迷思。

　　這本知識性書籍提及毛小孩常見疾病之營養調整，以及鮮食、飼料、處方食品、中藥、食品添加物及食品安全，都是一般飼主希望清楚與了解的資訊。

　　往往因立場不同所呈現之說法迥異，作者兼具產業界、獸醫業界及學術界三種身份能不失偏頗，陳述忠實且客觀，非常難能可貴。吃得健康有預防醫學的概念，值得鼓勵及推薦。

劉金鳴

台灣大學附設動物醫院外科主治獸醫師

認證中獸醫師、認證小動物復健師

復健及整合醫學科主任

臨床助理教授

推薦序 4

　　我與 Tammie 在十六歲就結識，我們是高中理組的同班同學。雖然是死黨，個性卻南轅北轍。真要說有什麼兩個人的共通點，應該就是同樣對於小動物抱持著無比的愛與熱情吧！

　　在我就讀於台大獸醫系期間，Tammie 進入台大農化系，主修食品營養專科。畢業後，我前往香港執業，她則遠渡美國馬里蘭州攻讀營養學研究所。至此，兩個人似乎漸行漸遠。 沒想到後來的十幾年間，Tammie 進入首爾大學獸醫系，回到了她最感興趣的小動物領域，畢業進入臨床，再成立自己的小動物營養顧問公司。我則回到台灣，在小動物獸醫界的藥廠、寵物營養公司上班⋯⋯就這樣，這不忘初衷的兩人突然又走回一條路上了。

　　我經常與 Tammie 商量許多點子並諮詢她的意見，這位好友讓我感覺「德不孤，必有鄰」。我們懷抱同樣的熱忱，想在這個資訊混亂的時代，傳遞有證據的知識，說負責任的話。當然，拿我自己來和 Tammie 相提並論未免高攀。Tammie 完整具備人類營養學、獸醫學、診所臨床經驗，以及外商寵物營養公司的工作資歷。她的知識並不是片面的，而是跨多個領域融會貫通的成果。即使是前後在兩間外商寵物營養公司擔任教育訓練工作近十年的我，也能夠從她的言談中獲得啟發。

　　在網路資訊廉價而農場文大行其道的當下，這本書有如晨鐘暮鼓，提醒我們，毛小孩營養的本質是什麼。無論是寵物營養的入門者，還是養毛小孩多年已具備基本知識的老手，我都非常推薦各位敞開心胸，拋下既有的成見包袱，聽聽這位真正專家的說法。

獸醫老韓

自序

我愛故我在

　　其實在嫁到韓國之前，我只是一個非常失意的美國營養學碩士！

　　為什麼會說是自己失意呢？因為最初到美國馬里蘭的時候是選擇直攻博士的，但是由於跟研究室的老闆不是那麼的契合，所以用了可以拿博士的研究論文換了碩士學位就畢業了。毅然決然地嫁到韓國純粹只是個逃避心理，想換一個環境讓自己可以「重新開始」，殊不知自己的人生，該面對的還是得面對。

　　實在對於當時只會說兩句韓文：「安妞哈誰唷」跟「感薩哈咪大」就嫁去韓國的自己感到無限的佩服，現在聽一千遍梁靜茹的〈勇氣〉可能也做不到吧？搬到韓國後，不只是一個陌生的地方，語言還不通，當初的男朋友（現在的老公）送了我一隻朋友家裡生的約克夏——皮皮來陪伴我。剛搬到韓國的第一年語言不通，老公上班工時又長，一個人除了每天早上去語言學校上韓文課以外，幾乎都跟皮皮待在家裡，皮皮不只是我的「伴侶動物」，在孤單的異鄉生活當中，他成為了我最親愛的朋友，最親愛的家人！

　　上了將近兩年的語言學校後，我又開始面對我的人生要何去何從的煩惱，一個美國的營養學碩士雖然應該可以找到工作，但是在這麼「排外」

的韓國，才學了兩年的韓文變成了我最大的弱點。就在一直逃避自己該何去何從的時候，發生了一件改變我命運的事情。

當時為了改善皮皮的分離不耐症，我們又跟朋友領養了另一隻約克夏蛋蛋。有一天，老公與我帶著皮皮跟蛋蛋到家裡附近的奧林匹克公園散步，走到一個岔路的時候，老公很淘氣的故意拉著很黏我的皮皮走一個方向，讓我跟蛋蛋走另外一條路，我知道反正最後兩條路會在一個大草原互通，所以也就照做了。到了草原，按照慣例我們把「皮蛋」的鍊子放開讓他們自由的奔跑，沒想到在遠處看到我的皮皮和突然看到爸爸的蛋蛋，用最快的速度奔跑的時候就直直地撞上了，蛋蛋痛得馬上大哭，皮皮撐著身體爬到我腳邊後就失去意識昏倒了，我抱起他邊哭邊往公園外面跑，心裡想著：「我真的沒辦法失去他！」

搭上計程車到動物醫院時，皮皮醒了，像是什麼也沒有發生過一樣，獸醫說他也看不出來有什麼問題，只能請我們回家後繼續觀察！我像是瘋掉了一樣說，「怎麼可能沒有問題？這麼嚴重的撞擊，是人都受不了怎麼可能沒事？」獸醫只說了一句：「狗很少有腦震盪的。」就讓我們回家了。

當天晚上，我越想越擔心，所以我跟老公說：「我要當獸醫，幫我看看要怎麼去首爾大學讀獸醫系。」

其實，在這件事之前，我就一直在想可以讀的韓文都讀完了，接下來我應該要做些什麼的時候，除了找工作以外就是考慮是不是在韓國念一個學位。當初爸爸堅持要我讀一個有「專業證照」的學位，所以我一直想是

　　要念以前成績不夠念不了的醫學系，還是會中文有加分的「法律系」，或者是曾經是我夢想中的「獸醫系」，但是都是因為害怕困難沒有實際行動的情況下，遲遲無法做出決定。然而，因為我對毛孩的愛，最終，答案脫穎而出，那就是──「我要當獸醫」。

　　老公上網一查，發現首爾大學下學期入學的申請時間只剩下八天，為了達成目標，馬上拜託在台灣的媽媽跟在美國的姊姊幫我準備需要的文件，終於在交件的最後一天順利提出申請。就像是老天冥冥之中已經注定一般，就這樣我進入了韓國的最高學府，開始我的獸醫養成之路。

　　首爾大學獸醫系比學校其他系所開學日提早一個禮拜，因為我是唯一、也是第一個經由外國人申請管道入學的獸醫系學生，所以完全沒有人通知我提早開學的事情，直到我發現的時候，已經上完一個星期的課了。一到學校，等待我的竟然就是「解剖學考試」，考卷上滿滿的韓文，我根本不知道怎麼下手，這輩子第一次交了白卷，哭得亂七八糟。

　　還有原以為韓國會跟台灣一樣，大學就算是講母語上課，課本應該會用英文原版，如果這樣，那即使我的韓文不好，英文課本讀起來應該還是沒問題的。沒想到，有的課本根本是韓國教授撰寫，連英文原版的課本都是用韓文翻譯版本來上課，最糟的是語文學校從來沒有教過「細胞」的韓文是什麼，我只好把有英文版的課本也都買回家對照閱讀。問題是，每個禮拜都有考試，結果我只有之前在台灣跟美國上過兩次課、教授又答應讓我可以用英文作答的生理學考試得到全班第十名。其他的考試即使我沒日沒夜地念書，也都無法得取好成績。痛哭了幾回後，決定先休學，把醫學

用韓文學好再復學。我每天在家裡讀英文課本，去獸醫系旁聽課程，然後再回家讀韓文課本，這樣過了一個學期後，就在我開始懷疑自己是不是應該要放棄做這麼困難的事情，考慮是否要放棄當獸醫的願望時，皮皮癲癇發作了……

做了所有的檢查後，並沒有找到皮皮癲癇真正的原因，有可能是因為之前兩隻狗相撞造成的後遺症。原來早已動搖把獸醫唸完的決心，因為皮皮的癲癇，變得更加的堅定，皮皮用他的身體重新告訴我，我的初衷——給我的寶貝最好的。於是我下定了決心，不管前路有多少荊棘與磨難，我都要咬牙做到！

韓國的獸醫系總共是六年，兩年預科（pre-vet）的課程與一般大學生差不多，可以自己選課，因為我是申請轉學入學的方式，所以是直接上預科後的四年本科課程。本科課程跟高中生沒有兩樣，每一個人上的課都是一模一樣的，幾乎每天都是早上八點半開始上課上到十二點半，然後下午有各種實驗／實習課。吃力的實習課像是解剖學，產科或者是外科甚至會上到凌晨才會結束，然後隔天一早又是八點半的課程。這對於要上課前念英文課本預習，上完課再念韓文課本的外國人來說，開學後的每一天都像在地獄一樣，再加上首爾大學獸醫系沒有固定的期中考時間，除了開學的第一週以外，幾乎每個禮拜都有考試，甚至沒辦法在上課時間考試的科目，還會利用禮拜六早上考試。

忘記有多少個夜晚，我十一點躺到床上後凌晨兩點起床準備當天的考試，但是我記得每一次看到學校辦畢業典禮的時候（因為會場就在獸醫系

附近），我看到別人開心的模樣，就會在心裡想起范瑋琪的〈最初的夢想〉，然後默默地擦掉眼淚，告訴自己，「最初的夢想緊握在手上，最想要去的地方，怎麼能在半路就返航，最初的夢想絕對會到達，實現了真的渴望，才能夠算到過了天堂」。

由於韓國獸醫師國考科目有二十科，全部都是選擇題，而且題目都很長，光是理解問題就很困難了，更別說還要分析作答。學校的教授們都非常擔心我這個外國人是否可以一次通過國考，剩下三個月的時候，每個教授遇到我，都一再提醒要我好好準備！

韓國國家考試在一月，畢業典禮在二月，我曾經多次地幻想成功地在畢業典禮的時候通過國考，那該多好啊！感謝老天爺的幫助，我不負眾望地一次就通過了，正式成為了一名獸醫師，完成了我人生當中第一名的夢想。這個經驗，讓我遇到再困難的事情，都不再害怕，天堂總是在努力的盡頭等待，只要堅持，沒有什麼夢想是實現不來的，與大家共勉！

這本書是我寫的第二本與毛寶貝相關的書籍。第一本是用韓文寫的，硬生生的文字，是一本簡單版的獸醫營養學教科書。第二本我決定要用我的母語來寫，輕鬆地聊聊這一路上我看到大家對寵物飲食的誤會，以及分享我認為的真相，但是我不是柯南，真相可能不只一個，我相信這世界也沒有絕對的對與錯，純粹分享我的學習與經驗中整理出來的看法，送給所有跟我一樣愛毛寶貝的朋友！

在韓國，很多人跟我說過他／她們也想過要再去學校唸個獸醫，因為

他們也很愛他們的毛寶貝，也有很多在臨床的獸醫朋友跟我說他們也想學營養學，因為營養學太重要了。我感謝老天讓我幸運地遇到了我生命中兩個 Mr. Right，一個在生活上、一個在精神上支持我，讓我變成一位有營養專業的獸醫，這本書獻給每一個愛毛孩的朋友，不管你是獸醫、是營養師，或者就是一個愛毛孩的毛孩爸媽！

非常歡迎大家有任何看法與指正與我分享，讓我們一起為我們的寶貝做到更好！

사랑하니까 최선을 다 한다！
因為愛，讓我們全力以赴！

PART 1 你的毛孩
有這些問題嗎？

小心胰臟炎：

「好吃」是選擇飲食的

唯一標準？

◆ 案例 001

吃太好反而會得胰臟炎？！

　　李太太是兩隻中國冠毛犬（Chinese Crest）的主人，一隻六歲，一隻五歲，她們是我見過最漂亮的中國冠毛犬，雖然毛很少，可是總是打扮得非常乾淨漂亮，頭上不是有個髮帶，就是夾個髮夾，更重要的是她們每次看到我都很開心，因為獸醫的身分是很容易被毛孩討厭的，每次看到她們看到我開心的模樣，我只能說她們真的太可愛，我真的真的很喜歡她們！

　　但是，就是因為李太太十分寶貝這兩位公主，所以她們幾乎每兩個禮拜都會到醫院跟我報到，每一次來見我的原因都是因為「她們又不吃飯了」！

　　由於她們長期「吃太好」，一直都有些微的慢性胰臟炎的情況，而急性胰臟炎的症狀就是「吃不下」，所以只要她們一不吃飯，李太太總是擔心地馬上來找我報到。

　　胰臟炎是一種在貓狗常見的疾病，雖然我們對於胰臟炎發生的原因並沒有完全地掌握，但是很確定的是，胰臟炎與「飲食」有很大的連結，尤其食用「人類飲食」的貓狗，有更多機會得到胰臟炎。這裡所謂的人類飲食，指的是「美國西式飲食」，因為實驗跟統計資料大都是在美國做的。

　　對毛孩來說，西式飲食有三多：調味多、脂肪多、蛋白質多！所以在治療胰臟炎病患的時候，獸醫都會配合飲食調整，從限制調味料（例如：鹽分）、脂肪，以及適量的蛋白質開始。胰臟是非常脆弱的器官，負責生成全身 90％左右的消化酵素，一旦發炎，不只是消化功能被影響，還會造成胰臟周圍的器官（像是肝臟、小腸）一起被消化。因為器官是「肉」做的，所以會被消化酵素「消化」，可想而知，胰臟炎可以很嚴重，如果處理的不好，甚至有致死的可能。更棘手的是，胰臟只要發炎一次，之後終身都持續會有些微慢性的發炎狀態，而且動不動還可能再急性大發作。對於飼主來說，胰臟炎像是不定時炸彈，隨時都得很小心處理。

　　回到李太太的兩隻狗。只要一不吃飯，她就會急著來找我，只要確診不是胰臟炎再發作，她總是要我給她「更好吃」的食物，不管是市售的飼料，還是我的食譜。我一直到離職前都不好意思告訴她，她的寶貝們就是因為吃得「太好吃」了，所以才會胰臟炎的。

　　你也在「追求」更好吃的毛孩飲食嗎？好吃應該是飲食的標準嗎？就算是，也不應該是唯一的一個標準吧？

　　也讓我們一起來了解，好吃的食物到底是怎麼做出來的？

Ch1-1

何謂「好吃」的食物

　　在韓國的市調中，飼主與獸醫不約而同地選擇了「選擇飼料的第一原則」是「好吃」，我想很多台灣飼主一定也是這樣的。買了網路上評價超高超貴的飼料，然後家裡的寶貝不領情，隨便兩口就不吃了，甚至聞了兩下拍拍屁股就走了，實在掃興，這應該是每個毛寶奴才特別不願意看到的吧？

　　但是我們應該要思考一下好吃的東西到底是怎麼做出來的？漢堡薯條或清粥小菜，叫個小朋友來選，我想正常的小朋友都會選擇漢堡薯條吧！好吃的定義對於毛孩來說也是一樣的，肉多！油多！調味多！

一、肉多

　　「肉多」對於貓跟狗來說都是超好吃的，每個毛孩都是肉肉越多越好，但是這對「價錢」而言並不是個好方法。蛋白質可以說是最貴的材料，對於飼料公司來說，用「多肉」當做「變好吃」的方法並不符合所謂的 CP 值，當然還是有少量高價位的飼料是用這個方法，但是這樣的方式也有一定的風險。

　　蛋白質吃太多的時候，有幾個可能的問題：

1. 過多的蛋白質最後並不會變成「肌肉」，而是會變成脂肪儲存，所以太多的蛋白質最後都會變成「肥」肉，也就是造成肥胖的原因。

　　蛋白質消化後變成胺基酸經由小腸吸收，身體會把需要的胺基酸拿去修補身體或做成酵素等，剩下的胺基酸經由肝臟代謝一部分拿來做「生糖作用」，產生的葡萄糖會先拿來當熱量使用，如果飲食攝入的熱量比需要的熱量還多，那葡萄糖會再變成脂肪儲存。所以高蛋白沒有高度的「運動量（增加熱量需求）」來配合的話，最後並不會變成肌肉，而是通通變成脂肪，造成肥胖。

2. 增加肝臟負擔與腎臟病的機會。

　　上面說過蛋白質經由小腸吸收後，過量的胺基酸經由肝臟代謝後一部分拿來做生糖，另一部分就會變成含氮廢物（尿素、氨等），含氮廢物必須經由尿液通過泌尿系統排泄出去。所以太多的蛋白質會增加肝臟的負擔，還好毛小孩沒有熬夜喝酒這些壞習慣，不像人的肝臟那麼辛苦，不過如果有在服用有肝毒性藥物治療的毛孩，就要特別小心不要吃太多的蛋白質。

　　至於增加腎臟病的情況，對於年輕又健康的毛孩，並不是什麼大問題。但是如果有先天性腎臟功能不齊全，或者是年老退化、亦或是某些原因（結石、腎炎、誤食葡萄等）造成腎臟功能衰退的時候，蛋白質吃太多會造成已經很辛苦的腎臟更加辛苦。嚴重的是腎臟功能遺失不可逆，在沒有特別管理的情況下，腎臟的狀態只會越來越糟。腎臟病、腎臟有缺損，或者是代謝能力變差、老年的動物，即使是肉食性的貓咪，都要注意蛋白質的含

量，千萬不要因為美味而傷害了健康。

3. 增加結石的機會。

　　食物中蛋白質含量增加時，蛋白質經過肝臟代謝後會生成氨（Ammonia）等含氮廢物，含氮廢物需經由腎臟排出體外，所以飲食中蛋白質含量太高時，尿液中的含氮廢物會增加，像是貓跟狗都很常見的結石—鳥糞石（Struvite）*，其中的成分就有氨，所以蛋白質過量時會增加尿液中氨的濃度，進而增加鳥糞石結石的機會。同時，人類的營養研究發現高蛋白飲食會造成腸道內鈣質的吸收，以及尿液中鈣質的排泄的增加，所以對於泌尿道結石中含「鈣」的結石，像是貓狗常見的草酸鈣（Calcium Oxalate），也有增加的可能，所以有結石問題的毛孩，用肉肉來增加美味的方式是不可取的。

二、油多

　　「油多」也是一個增加美味的好方法，不只毛孩，人也是很難拒絕油多的食品。油脂釋放出來的香氣，對於嗅覺不是那麼靈敏的人類來說都已經難以抗拒，更別說嗅覺比我們好的毛孩了！

　　大家應該聽過不少油脂的壞處吧？其實經過這幾年營養學對「生酮飲

---

* 狗狗的鳥糞石結石最常見於泌尿道細菌感染，所以如果狗發現有鳥糞石結石的情況，不只是飲食需要調控，也需要正確使用抗生素治療感染。

食」的研究之後，發現油脂其實沒那麼可怕，除了人工合成的反式脂肪外，適當地食用脂肪，對身體並沒有壞處。至於常常在健康檢查上出現紅字的「膽固醇」，是因為人類在演化的過程當中調節「膽固醇」的基因出現了一些瑕疵，所以才會明明身體的膽固醇已經很充足了，還是製造的沒完沒了。還好這樣的問題在毛孩們身上發生率並不高，相對於人類，大多數的狗與貓基因完好，少數的品種像是雪納瑞，才有脂肪代謝的問題，容易出現三酸甘油脂（中性脂肪）過高的問題。當基因調控出現問題的時候，必須用飲食調控來減少脂肪的攝取，如果還是無法控制血液中的脂肪量，才需要用藥物來幫忙。

但是，飼主們聞之色變的「胰臟炎」多少與食物中的脂肪有關。至今胰臟炎正確的發生原因還不明確，但是統計上看來與「脂肪含量高的人類飲食」有關，我個人不能完全否定高脂肪的危險，但是我認為調味過多的「人類食物」才是造成胰臟炎的真正問題。這裡的人類食物是西方飲食（因為統計是在美國做的），西方飲食普遍而言除了高油之外，也包括了高蛋白與重鹹，所以如果要「預防」胰臟炎，不能單純地只是避免高油，蛋白質與鹽分都要一起管理。

三、調味多

貓跟狗對於鹽都有刺激食慾的效果，糖對於狗也有超高的吸引力（貓咪沒有感覺甜味道的味蕾，所以對糖沒反應）。

太鹹可能會干擾身體電解質的平衡，身體為了平衡體內鹽（氯化鈉）

的濃度，所以得增加尿液的排泄，造成腎臟的負擔。在過量鹽分排出體外之前，可能增加血壓，增加了心臟的負擔。當然，身體年輕健康的時候，多一點的鹽不算什麼，但是當毛孩老化的時候，多一點的鹽都可能是極大的負擔，尤其是心臟或腎臟狀況不好的毛孩，要特別注意鹽分的攝取。這裡我要強調一點，鹽是「必需營養素」，所以一定要吃的，我這裡說的是不能過量，不等於「不要吃」。

Ch1-2

糖與天然調味劑

　　糖對於狗有致命的吸引力，在醫院看到因吃巧克力而急診的狗，通常都是無法抗拒「糖」的誘惑，不常看到狗狗吃了可可含量高的巧克力，更是沒看過對甜味沒興趣的貓因為巧克力中毒，大多數的狗都是吃了糖與奶都含量很高、相對可可含量較低的巧克力。吃巧克力危險原因除了咖啡因之外還有可可鹼（Theobromine），咖啡因與可可鹼都是興奮劑，由於毛孩基因缺陷代謝速度很慢，可能會傷害中樞神經系統、心臟、腎臟。比起巧克力的種類，更重要的是「總量」，就算是含量不是很高，但是吃太多還是會造成傷害，不可不防。

　　「糖」本身也是一個隱憂，毛孩代謝糖的能力不好，所以吃太多「甜食」的時候，血糖飆高，長期下來就埋下「糖尿病」的隱憂。如果是吃起來甜但是不是糖的「代糖」呢？經過研究，代糖其實也有一定的危險，像是木糖醇（Xylitol），被狗狗吃入之後會刺激胰臟大量分泌胰島素，造成低血糖狀態，嚴重的話會引發休克，雖然拿來當甜味劑使用量不高，但是還是小心為妙。

　　其實除了鹹與甜之外，還有很多「味道」對於毛孩有吸引力的，像是「內臟」就是一個很好的例子。除了「好吃」以外，大部分的內臟都含有很好的胺基酸比例，以及各式維生素、礦物質，所以毛孩飲食中常常會放

入動物內臟。

很多飼主對於「內臟」有種莫名的恐懼感，例如：內臟不是人吃的！亞洲人不是都吃內臟嗎？我個人覺得不乾淨才是真正要擔心的部分！如果是人食用等級，其實內臟的營養成分高，對毛孩而言又好吃，是很好的食材，但是很多國家的人是不食用內臟的，當內臟變成「動物用等級」的時候，那不只是內臟處理的方式是否乾淨，甚至是含有重金屬都有可能，不得不小心。

這裡要強調一點，在家自行料理內臟的時候份量要特別注意，像是肝裡有很高劑量的維生素，其中又以維生素 A 的中毒劑量最低，換句話說就是可能吃一點就會過量，當然計算營養素後餵毛孩吃是最安全的，就算不計算每一次給毛孩「任何飲食」前，記得用自己的體重與毛孩的體重換算一下！例如 60 公斤的人吃一口雞肝都足夠提供一天份量的情況下，5 公斤的毛孩當然不能也餵一口，只能加一點點當作提味的材料！

飼料公司的超級武器──天然調味劑（Natural Flavor）

餵飼料的朋友可以仔細觀察飼料包裝上的成分，大部分的飼料成分當中都可以找到「天然調味劑」。一般而言，飼料成分的順序就是成分含量的順序，也就是說排在越前面的食材使用的越多，通常「調味劑」的使用量很少，所以在成分表裡都會在很後面。每家飼料公司所用的調味劑都是各家飼料業者的機密，有的公司是自己研究出來的「增味調味劑」，有的公司是向專業調配「調味劑」的公司購買，正如東西好不好吃通常與調味

好不好吃有很大的關係一般，飼料好不好吃受到調味劑的影響很大。

　　很多人對於食品添加劑的觀感很不好，但是學過食品化學的人都知道，調味劑只要放非常少量就可以提升味道，放多了會因為太刺激造成反效果。合法的食品添加劑在嚴格管制下，遵守安全範圍之下使用，實在沒有什麼理由抗拒。然而使用新鮮美味的食材的時候，不用添加任何香料就可以體現出食物本身的美味，那為什麼有的飼料沒辦法做出這樣的味道？是因為他們使用的材料不好？還是製造過程中造成本身食物味道的改變？還是太在乎營養均衡忽略了美味呢？那才是我們值得深思與探討的部分。

　　大部分的乾飼料會把「油脂與調味料」噴在飼料外面，只要把少量噴到飼料上，嗅覺大於味覺的狗與貓大都會領情。在噴灑的時候，通常會同時補充一些在飼料製造高溫高壓過程中會被破壞的營養成分，像是多元不飽和脂肪酸 Omega-3 或者是維生素 B1（Thiamine），但是不飽和脂肪酸接觸到空氣的時候容易被氧化，產生油耗味，不只對於嗅覺敏感的毛孩來說不好吃，同時氧化成分當中有可能會有致癌的自由基，所以雖然乾飼料的保存期限很長，一旦開封了要放在避光的密封容器裡。如果情況允許，最好用兩個密封罐一大一小，小的只放一至兩個禮拜左右的量，吃完後再裝入，剩下的飼料放到大的密封罐裡，平常盡量減少密封罐「開啟」的動作，讓飼料與新鮮空氣的接觸機會越少越好，也不要買太大包裝的飼料，所有食物都是越新鮮越好。

　　雖然冷藏可以減緩氧化的速度，但是乾飼料是不建議放在冰箱冷藏的，因為飼料冷藏後拿出冰箱時，空氣中的水分子會遇冷凝結，讓原來利

用乾燥的狀態（水分含量 10％上下）保存的乾飼料表面的水分含量快速上升，反而製造了黴菌喜好的環境。由於環境的溫度與濕度也會影響飼料的狀態，所以在高溫潮濕的季節，也要留意飼料保存地點的溫度與濕度是否安全，如果不能維持飼料在最好的狀態，那最好不要貪小便宜買太大的包裝，買原裝的小包裝才是明智的選擇。

Ch1-3

<u>他就是不吃飯，我拿他沒轍！</u>

　　回到「速食店與清粥小菜的選擇題」，如果小菜選得好，一樣可以好吃又健康，但是由於刺激度不夠，大部分的小朋友應該還是會二話不說地選擇漢堡可樂與炸薯條。但是，就像不能每天吃炸雞薯條一樣，為了毛孩的健康，我們不能讓他們習慣高度刺激的食物。換句話說，我們必須找到一個足夠好吃、又營養均衡的清粥小菜，讓孩子們當主食食用，當然「偶爾」吃點炸雞、漢堡的當作獎勵那是沒有問題的。

　　生為一個優秀的主人，一定要先確認毛孩的營養均衡，然後再來考慮好吃的程度。

　　在這裡送上一個「好吃」的祕訣：肚子餓！只要肚子餓了，清粥小菜也可以吃出炸雞漢堡一樣的美味！

　　太多的飼主跟我說過：他就是不吃飯，我拿他沒轍！這樣的飼主通常遇到毛孩不吃飯，都會因為怕毛孩肚子餓，馬上貢出肉乾、潔牙骨、水果……以及各式各樣的零食。我們來想像一下，小時候我們耍賴不吃飯，媽媽如果馬上心疼的拿出蛋糕跟巧克力、炸雞跟漢堡，只為了要我們「吃些東西」的話，我們心裡怎麼想？我會覺得我媽很好騙，所以天天假裝不吃飯，只要不吃飯就可以吃到更好吃的點心，那誰要吃青菜豆腐啊！？

　　各位飼主，要看清我們不只是單純的「奴才」，我們還是毛孩的「監護人」，他們會耍賴，我們可不能隨隨便便就答應了，天天吃漢堡薯條喝可樂會有什麼下場，我想就不用再多說了。所以，各位「奴才」！為了主子的健康與陪我們久一點，請堅持！點心可以是吃完飯後的小確幸，是乖乖聽話的獎勵，是孤單的賠償，但是絕不是不肯吃飯的替代方案！

　　有時候不吃飯的毛孩還有另一種可能點心吃太飽了。之前有一個飼主，因為狗狗之前曾經便祕三天，還去醫院通腸，她每天會給玩具紅貴賓吃香蕉。當初在營養諮詢的時候，我一直沒聽出來有什麼問題，唯一的問題就是「怎麼樣都不吃飯」，一直到我請飼主回家紀錄所有的食物與份量的時候才發現，一天固定給狗的點心是一根香蕉加上三根肉乾！試想體型3公斤的小狗，一天所需的熱量大約250卡不到，一根香蕉就佔了快100卡，再加上肉乾，如果大根一點，三根可能就要100卡了，結果光是點心就把一天需要的卡路里都吃完了，那吃得下飯才奇怪呢。

Dr. Tammie 小提醒：
我不建議的狗狗點心「肉乾」

　　這幾年韓國手作肉乾大為流行，很多飼主都有食物乾燥機，有空的時候自己在家裡做肉乾，沒空的飼主去跟別人買，什麼都沒添加的肉乾成了毛孩點心的搶手貨。只有肉，純天然、無添加，怎麼看都是寶。但是除了牛皮骨之外，肉乾也是我不推薦的零食。

　　以雞胸肉來當例子，水分含量大約 80%，風乾後要維持 10% 以下才可以防止細菌增生，以水分從 80% 變 10% 的雞胸肉來計算，10 克的肉乾，風乾前原重量大概是 30 克，生雞胸肉 100 克大約 110 卡，所以 10 克的肉乾大概 33 卡。

一 . 點心要維持在一天卡路里的 10% 以內，五公斤的毛孩一天只可以吃十克的肉乾。但是飼主常常忘記肉乾是濃縮度很高的點心，常常一次給太多，而且肉乾這麼好吃，毛孩怎會願意放棄肉乾選擇吃飼料呢？

二 . 雞胸肉內含的胺基酸成分比例很好，是很優良的蛋白質來源，但是之前已經提過，太多的蛋白質對身體不但一點好處都沒有，還要麻煩肝臟腎臟代謝。

三 . 飲食中鈣磷比以 1:1 ～ 2:1 為最佳，由於鈣與磷的功能重要，在身體內部被精密的調節著。如果食物當中鈣磷比太傾斜，身體會動員一切只為了維持血液中的濃度。雞胸肉的鈣磷比大約是 1:17，很明顯磷超標很多，身體為了平衡，必須從骨質內取出鈣質去平衡這個「不平衡」。短期下來可能不會看到什麼問題，長期下來，對骨質、肝、腎，以及結石都會有影響，不可不慎。

　　比起肉乾，我其實更喜歡用少量的新鮮水果（例如：藍莓、梨、蘋果）或蔬菜（例如：無農藥的青花菜、枸杞、煮過的包心菜）當作點心，或者是少量的熟肉。乾燥的食物，雖然去除水分可以保存很久，但是因為水分含量變少，飽足感低，容易過量。

　　如果還想給狗狗肉乾，建議多放一塊地瓜，當雞胸肉與地瓜重量 1:1 的時候，鈣磷比會接近 1:4，同時也添加了碳水化合物與纖維質。但是記得，多出來的地瓜也是零食，所以也是要考慮份量，千萬不要剝奪了毛孩吃正餐的快樂。

（牛皮骨在分類上並不屬於食物而是玩具，由於製造過程與成分，我是絕對不會給自家狗狗當點心的。如果狗狗需要經由咀嚼紓壓，我會建議成分安全的潔牙骨或者是不會吃進肚子的玩具。我們家有時會購買嬰兒使用玩具，對於喜歡咀嚼的狗狗來說雖然比較不耐用，但是安全性是比較高的。）

Dr. Tammie 小提醒：
狗狗正確的正餐給予方法──定時定量

固定時間固定份量，讓狗狗習慣這個時間該吃飯，而且不趕快吃完，吃飯的機會錯過了，又要再等下一次放飯時間！

很多飼主總是說自己要上班，怕主子自己在家餓了，所以一定要留食物給主子食用。這說法對貓而言是正確的，因為貓是自由進食的動物，他們胃可以容納的體積不大，但是對於狗來說就一點道理都沒有。狗跟人一樣，胃有一段擴張的部分，所以可以一次吃很多，然後慢慢地消化，所以上班族只要在上班前「餵飽」，等下班再餵就可以了，一直唾手可得的食物是很難被珍惜的！當正餐變成了隨時隨地都可填飽肚子用的工具時，那就一點也不珍貴了。回頭看看家裡是否有那一盆「狗狗飼料聚寶盆」，如果有，為了主子的健康、主子吃飯的快樂，請馬上收起來，馬上開始定時定量的好習慣吧！

營養均衡，
比起有機來得重要

案例 002

原來吃有機飼料
也會吃出「貓」命？！

　　春雨的媽媽跟我說過她什麼都要給春雨最好的，而且她相信春雨分得出來韓國產牛肉與外國產的差異（因為韓國產的牛肉很貴，通常韓國人都不大捨得吃韓國產的牛肉），所以連牛肉，她都只給春雨吃韓國產的，飼料當然也要吃最高級有機農的。

　　當時我笑笑沒有回答，因為我分不出來韓牛跟外國產牛肉有什麼差別，實在不敢在關公面前耍大刀……

　　有一次又遇到春雨的媽媽，她一見到我就抱怨有機農飼料也不能保證安全，因為春雨在吃的某家飼料公司的有機農飼料，出了「貓」命後，在記者追蹤下發現，雖然食材真的有美國農業部 USDA 的有機農認證，可是拿來做飼料的食材都是用人剩下沒辦法吃的、或者是已經快要壞掉的部分，更可怕的是製造環境很髒亂。春雨的主人說她想都沒想到，這些飼料公司有這麼無良，還好前幾天春雨已經去醫院做過檢查，醫師說沒什麼問題，可是她還是很擔心。

　　近幾年不只是人吃的東西，連對於毛孩吃的東西也越來越講究。少子化的時代，很多人都跟我一樣把毛孩當小孩養，就像想把最好的都給孩子

一樣，我們也想把最好的給我們的毛毛寶貝，尤其當我每每想到他們的壽命不長，能享受的時光也不多，就更想要給他們最好的，讓他們多陪我們久一點！

很多商人抓住了這種心理，開始打高價戰爭，從生活用品開始到食物，各種高級產品五花八門，不怕你嫌不好，只怕你沒錢買。在此之中，「有機農」開始竄起，可是很多飼主只知道「有機農」三個字，到底什麼是有機農卻是一團霧水。這一章想要來告訴大家有機農到底是什麼？有機農到底好不好？給毛孩有機農的食物意義？

Ch2-1

什麼是「有機農」？

　　首先，我們先要了解「有機農」到底是什麼？每個國家對有機農的標準有所不同，他們的共通點有：

　　1. 不使用化學合成農藥、肥料
　　2. 不能是基因改造生物、動物
　　3. 不使用植物生長調節劑等非天然物質

　　按照國際有機農業運動聯盟（International Federation of Organic Agriculture Movements）的說法：「有機農業是一種能維護土壤、生態系統和人類健康的生產體系，遵從當地的生態節律、生物多樣性和自然循環，而不依賴會帶來不利影響的投入物質。」

　　仔細分析，就會發現「有機農業」本質上是將農業恢復傳統的方式栽種或飼養，但是如果再次思考，為什麼「現代化農業」會與「傳統的有機農」發展出如此大的差異，就會發現人口暴增、氣候變遷與資源枯竭，糧食危機其實持續在發生，為了可以讓蟲害變少、動植物生長迅速、甚至讓食物更美味更有營養，上一代農業研究的主流都在開發各式化學合成肥料、農藥以及除草劑等產品，這些東西都是為了增加產量，減少農業成本所發展出來的。

　　之後，科學家發現有些化學合成物質對我們的身體有害，而且還會污染環境，所以開始想方設法減少使用，但是如何可以在不使用這些化學合成物的同時，又可以維持生產量，成了科學家的新功課。當時剛好「基因改造技術」成熟，所以農業研究的學者們一股腦地開始研發各種基因改良的植物甚至是動物，可以防蟲害的基因、快速生產的基因、抑制其他雜草生長的基因、可以增加營養成分的基因……一個一個被發現後，經過無數次的失敗，最後終於成功生產，各種不需要農藥也不怕蟲害、沒有肥料也可以長得快速、以及沒有除草劑也不怕雜草、可以避免維生素缺乏的植物紛紛出籠。

　　到這裡為止，一切都如預期般發展，但是有一群人開始對於基因改造的動植物有了疑心，他們說：如果基因能放進其他的動植物裡，那基因也可以在食用的過程或者是接觸的過程當中跑到我們的身體裡面，甚至造成致癌，所以基因改造是很危險的！

　　由於輿論的壓力，現代農業又開始走回了傳統！沒有化學合成的藥物、也不該有基因改造，這樣土地才能永續，環境才不會污染，但是這樣的動植物一定得很貴，因為相對起來生產成本高，產量也少，同樣的植物，種植的時間增長，還得小心蟲害的可能。同一時間沒有被解決的糧食危機其實又回到了起點，甚至由於工業發展造成環境汙染，耕地不足，從事農業人口下降而更加嚴重。

　　上面的陳述並沒有帶著任何感受只是說明事實，不知道有沒有做到？

下面想要用一個研究食品營養的科學家觀點，分享一些個人的看法。

首先，化學合成農藥、肥料並沒有那麼可怕，雖然殘留過量絕對對身體不好，但是就像是防腐劑、化學合成調味一樣，新聞已經把這些東西都妖魔化了，人人都怕得好像碰到就會中毒一樣，可是這些成分可能比手上那杯飲料裡的糖還安全！絕大部分允許使用的化學合成物，都是經過充足的安全測試，並在嚴格的法規下限制使用量。實驗證明對健康並不會造成任何危害，才可以拿來使用，從科學研究的角度看來，比日常生活中許多無法測量的物質更安全，比如在高溫料理中會生成的致癌物質丙烯醯胺（Acrylamide），需要高溫烘培的咖啡，油炸的薯條內都會產生，但是法規並沒有設定任何檢測幫我們確認吃進去的量是否安全。

即使是有毒的物質，如果在安全範圍之內使用甚至可以是藥，像是中醫當中就有用砒霜入藥的例子。我想強調的是，這些化學合成農藥、肥料在安全範圍內、嚴格管制殘留量的情況下，結論應該是利多於弊的，其中最大的好處應該是價錢，一樣的時間或環境可以獲得更多的產品，價格自然穩定。當然，政府需要負起規範與檢測的責任，確保消費者的權益，讓人民可以安心地食用。

Ch2-2

有機農到底好不好？

　　真正的有機農絕對是好的，這個絕對不用懷疑，只是最高級的同時價錢也很貴，不能使用效果好的農藥、肥料、除草劑，也不能有基因改造，這樣的傳統種植的方式相對起來是更辛苦的，需要不斷地嘗試與失敗，才能找到一個能充分生產的有機農業。除了在栽培時需付出更多的勞力之外，生產地的環境條件要求也非常嚴格，同時對於作物生產過程中，從雜草的控制、病蟲害的防止……都要注意，結果是產量少加上成本高，價格就居高不下了！

　　如果有足夠的本錢也沒有糧食缺乏的問題，我絕對雙手贊成不管是人類還是毛孩都使用有機農產品，但是就如前面春雨遇到的問題，在韓國曾經發生過一個 USDA 有機農認證通過的飼料發生問題的案例，在這裡跟大家分享。說實在話，沒有人知道這個案子是個「特例」，又或是個「普遍的現狀」，但是每一個飼主都應該知道可能會有這樣的事情發生。

　　這家韓國飼料公司擁有美國農物部 USDA 有機農認證，由於有毛孩吃了飼料後生病甚至死亡，於是新聞記者將飼料公司提供的資料給我，希望我幫忙確認飼料的營養成分是否有安全問題。仔細分析登記的飼料材料成分比例，並沒有任何特別危險會致死的地方，唯一會讓人感到不足的部分是他們的「飼料安全測試」只有兩隻動物餵食了一個月，所以回覆了記者

這樣的安全檢測是沒有辦法證明飼料的安全性，其他部分沒有看到特別嚴重會致死的問題，沒想到真正的問題並不在營養成分上⋯⋯

沒多久，新聞就爆出來，這家公司雖然使用的是「有機農」，但是是「沒辦法食用」的有機農！所使用的材料都是販賣給人之後剩下來的，而且疏於管理，材料腐敗的腐敗、蚊蟲肆意孳生，雖然是有機農沒錯，但是完全不是可以食用的等級，這樣的食物連人吃了都可能死掉，更別說毛孩了！

所謂的「有機農認證」只認證到種/養殖完的那一刻，但是後面如何保管、使用的狀態，甚至是營養是否均衡，其實完全都沒辦法「證明」。加上如果要用真正人吃等級的新鮮有機農食材，將提升成本，個人認為，這一個案例應該不是一個個案，總有一、兩個無良的商人會像上述的公司一樣行事。所以，在看不到飼料使用材料的情況下，飼料是否是安全的有機農，真的讓人感到疑竇，所以即使有合法的有機農認證標誌，還要有充足的安全測試才是真正能讓人安心的飼料。

所以，毛孩需不需要「有機農」？

如果問我有機農比較重要呢？還是營養均衡比較重要呢？我二話不說一定會說營養均衡！在家裡面製作毛孩食品或者是新鮮水果青菜當點心的時候，我會盡量使用人吃的有機農新鮮食材，尤其是青花菜、黃瓜跟莓果類產品，因為害蟲多，通常需要比較多的農藥處理，毛孩體型小，食入農藥過量的機會大，在韓國有非有機農但是無農藥的產品，我也常常選用，

主要就是避免毛孩吃入過多的農藥。

但是再好的食材，如果過量或者是營養不均衡，那反而不是愛，而是害了！所以比起就是要買有機農，不如營養均衡，所有的營養素都是穠纖合度，不太多也不太少，能夠讓身體維持健康的好食物！

另外一個謬思：全天然比較高級？

很多人看到「天然」就覺得安心，覺得天然就是無毒，好像多了一層保障，不自覺地選產品的時候就會被「天然」吸引了，其實我也是一樣的。直到有一次在跟首爾大學毒理學教授聊天時才恍然大悟，原來天然根本沒有比較安全！

正統的天然除了「洗、切」以外，所有的料理過程都不能算是「天然」，即使使用的材料都是由自然界中取得，但是如果經過萃取或者是加熱這些步驟，都不能算是天然，所以除非是「生吃原材料」，其實都不能說是「天然」。如果把天然的定義放大到所有材料都從自然界取得，不添加任何合成化合物，那也不等於安全。當初毒理學教授提到，其實天然有很多有毒的東西，然而很少人去在乎它的毒性，但是化學合成物質，都是經過一再測試確認安全後，訂定安全標準，而且必須進行檢測的情況下才能使用，這樣看來，在某種層面上合成化學物質其實比天然還要有保障。

舉例而言，長期以來與人蔘、靈芝、冬蟲夏草並稱「四大仙草」的「何首烏」，當初就是因為姓「何」的老翁服了何首烏後使白髮變黑，才取名

為「何首烏」。這是一個曾經很普遍也很容易取得的中藥材，因為是植物的根部當然是「天然食材」，如果天然就是安全，那為何卻頻頻發生吃了何首烏造成肝中毒的案子？研究後才發現，何首烏裡面的蒽醌類衍生物對肝臟有毒性，即使使用者並沒有刻意的過量，長期食用還是會有中毒的現象。但是，經過炮製與黑豆反覆蒸煮後，蒽醌類成分會被水解後毒性降低，即使如此，直到 2019 年 2 月衛服部的可供食品使用原料彙整一覽中，四大仙草仍缺何首烏。

如果沒有足夠的實驗來驗證安全的食用範圍，即使是一個天然的好材料，也無法安全的使用，尤其是每種食材都有食材本身的特性，不只是食用量的問題，與本身的體質有關，也就是說適合吃何首烏體質的朋友，吃了可以強健體魄，但是不合適吃何首烏的朋友，就會出現肝臟問題的機會就更大。總而言之，「天然」不等於安全，有充分研究的「化學合成物質」，在安全規範與嚴格管制下，有時候反而是更安全的。

這樣看來「全天然」就是一種廣告，與安全並無直接的關係，適不適合我們的寶貝，絕對不該是廣告說了算。我們應該更積極地追求有均衡營養與充分的安全測試的產品，同時持續觀察餵食過程中我們寶貝的狀態，如果體態越來越好，毛髮豐潤，活力十足，加上正常的大小便狀態，那即使不是有機農或純天然，那也一樣是好飼料。千萬不要被假像搞得有業障，是不是純天然沒有那麼重要，健康又適合我們的毛孩，那才是我們真正要在意與關心的。

Holistic 又是什麼？

「Holistic」在韓國曾經非常的流行，甚至在網路上有誤傳說這是「USDA 認證」的「人吃的等級」，但這個名詞從頭到尾都是一個「廣告用語」！到現在為止，全世界沒有任何法規對於 Holistic 飼料做出定義，也就是說，任何飼料都可以標榜自己是 Holistic 飼料，因為這個字在飼料上「根本沒有任何意義」。非常可惜的，到現在為止沒有任何認證可以證明是不是「人吃的等級」，真心希望不久的將來會有這樣的認證出現。

Whole Dog Journal（*WDJ*）選擇的優良飼料

從前面的內容我們可以知道，一般人是很難利用飼料公司的認證跟廣告得知自己餵食的飼料到底好不好，最好是可以「直接參觀製作工廠」了解飼料製作的狀態與方式，雖然一個好的飼料公司的工廠一定是真金不怕火煉，即使最機密的部分不能公開，但是應該能讓人參觀的。開放參觀除了代表公司對自己的生產過程有信心，同時也可以做到飼主直接監督的效用。但是，如果工廠在國外，不能夠直接參觀的時候，可以上網搜尋其他人參觀過工廠後的心得，做為參考資料。

其中有一個美國的雜誌叫 *Whole Dog Journal*（*WDJ*），每年會選出他們認為「食材安全的優良飼料」，給消費者參考。因為 *WDJ* 堅持自己為非營利組織，不接受任何飼料公司的資助，所以大部分雜誌內容需要付錢購買，每年的優良飼料名單也是一樣，是屬於付費內容。

不過仔細觀察 WDJ 的飼料推薦原則，會發現他們評比的方式主要是「材料來源」，所以有機農會加分，材料的產地要乾淨清潔，來源透明，才有機會評選為好飼料。至於營養均衡、營養素是否過量，以及有沒有飼料安全測試，WDJ 似乎不太在意也不關心，這跟我心目中的好飼料並非完全一致，僅可拿來參考食材的安全性。

最後我要特別強調，我絕對不是反對有機農或全天然飼料！如果是有機農或純天然，而且又是營養均衡的飼料，使用的材料新鮮，品質與人吃的等級相同，製造的衛生環境優秀，尤其是通過有公信力的安全測試，像是美國飼料協會餵食測試標準（AAFCO feeding tests），那絕對是我的首選，可惜的是這樣的飼料似乎還沒有問市。

在挑選飲食的優先順序，永遠都以「營養均衡」開始，是不是有機農或純天然的，則必須是在營養均衡下才會考慮的標準。切記！沒營養不均衡的飲食，即使是安心的有機農那還是會吃出病來的！

Dr. Tammie 小提醒：
基因改造，沒那麼可怕

　　身為一個參加過「基因改造研究」的成員，我只能說大家把基因改造想像得太可怕了！為了要把「特定基因」從原來的細胞取出，再放入我們想要使用的細胞裡面，同時還需要讓細胞正常地使用我們放入的基因，這裡面每一個步驟都是歷經千辛萬苦才做得到的！自然界在正常的情況下，基因不會沒事游走在土壤、空氣甚至是身體當中，基因（DNA）在自然環境中會被破壞，所以為了要維持完整的基因序列，研究人員們需要非常小心謹慎地處理。

　　同時，基因也不會無緣無故地跑進我們的細胞裡面，為了要把一段基因放入新的細胞，研究人員需要塑造特殊的環境，才能讓基因進入細胞裡面，而且是隨機進入細胞，也就是說，即使建立了特定的環境幫助基因進入細胞，也不是每個細胞都會像期待般接受了基因。最後，即使基因如研究人員所期待地放入了細胞內，但是可能只是不會表現的「隱形基因」。為了要讓放入細胞內的基因正常運作表現，研究員必須從基因設計開始就特別處理，而真的成功地製造了基因改造的細胞，也不一定可以長成植物，甚至收穫！我這一連串地解釋基因改良細胞的製作過程，是想要說明食用經過基因改造的動植物後，裡面的基因跑出細胞，再成功地進入人類細胞，並且讓我們的代謝方式甚至是模樣改變，並非想像中的那麼簡單。基改的基因跑到人類細胞後造成人類基因改變只是科幻電影的層級，在我看來可能比 AI 機器人控制人類的機會還小。

　　使用基因改造的動植物，不需要使用對身體可能有害的化學合成物質，同時可以提高生產量，甚至可以增加幫助健康的營養素，在我看來是件好事，可惜有太多的新聞報導污名化了基因改造食品，輿論完全偏向了不應該有基因改造的動植物。產品上紛紛標名「無基改」似乎變成流行，

但是我常常很懷疑，世界上的大豆基改比例極高。根據 2017 年的統計，台灣使用的大豆 99％以上由國外進口，中間其實只有不到 4％的非基改大豆，而我們在超市看到的大豆產品，豆漿、豆腐、豆乾、豆花，幾乎都寫上了無基改的標示，姑且不論是不是真的都是非基因改造大豆，但是由這麼多標示無基改的產品看來，台灣人是有多害怕基改！最後，沒有基因改造也沒有化學合成物質的有機農成了最新流行，但是大家的荷包也扁了。

食物真的
是越「貴」越好嗎？
價格與食品安全的關係

小心肉吃太多會有腎臟問題

有一次在網紅狗狗聚會中，主人們談到他們通常都怎麼選食物給網紅狗狗們吃，在他們聊天的過程當中，我突然發現有很多人是用「食物價格」作為飲食挑選的「標準」，他們問我的食物，常常是我第一次聽到的食物，而價格呢，都是我第一次聽到的「天價」。

當場我因為沒有做過研究，實在不敢回答他們的問題，回家仔細研究才發現，雖然大部分昂貴的毛孩食品都強調使用的食材「很昂貴」，但很多都缺乏了探討營養均衡的部分，不禁讓我想起自己畢業前在韓國地價最貴的三清洞一家貴族獸醫院裡面實習發生的事情。

當初有一隻西施因為慢性腎衰竭長期住院，每天飼主總是會帶著家裡傭人煮的各式美食來醫院要我們餵他，主人帶來的食材都是最貴的，有韓牛、紅蔘等，反正主人就是什麼貴就買什麼。可是在專業的醫師眼裡，腎臟病患其實沒什麼「選擇食物的權利」，因為會得到腎臟病，很有可能是因為之前吃太多肉類而造成的腎臟問題，但是貴族獸醫院的目標為滿足貴族的各種要求，所以不論營養是否均衡，醫助只能將帶來的食物打成泥後灌食。

牛肉在韓國本來就屬於昂貴的肉品，如果加上只用「韓牛」，那位飼

主每天帶來的食物一定價值不菲，但是我們要問的是「食物」也是越貴越好嗎？在我看來，價格除了「成本」以外，其他的部分都是炒作出來的，可能是因為稀有、需求高，所以貴，但是在食物的面前，稀有度與健康應該沒有什麼正比的關係。

前面的章節中，我們曾經提到如果是真實的有機食材，價錢一定比一般食材來得昂貴，因為在栽種與飼養的過程，需要做的事情比較多，但是產量比較少，成本增加的同時，食物的價格當然也會增加。但是最近有不是有機農但是比有機農還貴的飼料，那這樣昂貴的寵物食品到底真的是成本那麼高？還是另外一種行銷手法呢？

Ch3-1

追求合理的 CP 值

　　物價越來越貴，薪水卻不見大漲的現在，大部分的人在購物的時候都會斤斤計較 CP 值（Cost Performance Ratio，價格效能），「便宜又大碗」變成了現代人的小確幸，但是從營運公司的角度來看，任何產品都有基本製造時所需的「成本」，必須要有一個合理的定價，不只能打平全部的成本，還可以讓公司繼續成長，永續經營！

　　每一個產品的「成本」受到製作的品質與產量而影響，如果要提升品質，成本會一同增加，而增加製造量的情況下可以降低成本，也就是產量越大成本可以減少，但是如果製造太多無法賣出去的產品，最後囤積的空間或者是過期後要銷毀的過程，都屬於不可避免的「成本」。

　　如何「訂價」也是一門很高深的學問，當訂的價錢太高，一次販賣賺到的盈餘增加，總販賣數減少，結果會有很多「滯銷」，有可能又增加了成本；反之，訂價訂得太低，能購買的人很多，但是賺的盈餘可能根本不足以維持公司的運轉。所以說除了成本、行銷方式以外，產品的定價絕對是影響一家公司是不是能長期營運的重要關鍵。

　　當我們無條件地追求「高 CP 值的時候」，我們可能失去的更多。世上沒有不勞而獲的事情，所以「免費的最貴」！在享受免費的同時，我們

一定也付出了一些什麼，可能是個資，可能變成廣告，可能是研究對象，畢竟公司不是慈善機構，要如何維持成長，永續經營才是每個公司的目標，所以絕對不要相信有「真正免費」的事情。

同樣的，當我們太在乎 CP 值高的時候，一定也失去一些什麼，過度的便宜一定有問題，前面提過公司要永續經營是不可能虧本來做生意，太過便宜絕對不會是好貨，畢竟一分錢才有一分貨。

然而，選貴的也不一定是正解

所以，越貴的食品就越好嗎？這句話我也是無法完全苟同的。

幾年前與一位韓國網紅見面討論過飼料價格的問題，因為小狗是網紅，所以飼主永遠都希望用最高級的東西來照顧他，當初她跟我說她餵食的飼料的價格時，我想她應該是被騙了吧？這世界上怎麼可能有這麼昂貴的飼料？沒想到調查後才發現，原來我是如此的孤陋寡聞，想說研究看看如果真的這麼好，我也要買來給我們家王子們吃吃看。經過調查發現有幾個值得我們深思的部分，材料都是在乾淨的環境下生長，但是主要成分使用了大量「動物內臟」。從營養學的角度看來，安全範圍之內食用乾淨的內臟，是非常健康的，因為內臟的營養豐富，又可以提升飲食的適口性，不只對於動物，連對人都是一種優良的蛋白質來源。但是為什麼在一個「不吃內臟」的國度裡以動物內臟為主的飼料會那麼昂貴？有部分的產品標示添加有機農食材，但是飼料本身並沒有通過有機農認證。最讓人失望的部分是這麼昂貴的飼料只遵守美國飼料協會（AAFCO，The Association of

American Feed Control Officials）的營養素建議量，卻沒有資料顯示曾經按照 AAFCO 的餵食測試標準，檢測長期餵食的安全性。

在食物的面前，昂貴與安全並不一定有關，飼料價格不應該是我們評判是否為好飼料的標準，一個有智慧的飼主想要給毛孩最好的食品，應該要研究食品中營養素是否均衡？安全檢驗是否充足？千萬別被高價給綁架了！

Ch3-2

物美價廉，營養滿分的食物副產品

食品中所謂的「副產品」（by-product）就是「不是生產過程中的主產品，是在製造主產品過程中非刻意產生的產品。」

簡單的說就是「資源回收」，像是釀啤酒用米（Brewer's Rice），擠完果汁後剩下的水果渣（Pomace），或者是西方人不拿來食用的動物內臟，都屬於副產品。大多寵物食品中使用的副產品是為了人類食用的「主產品」生產時，剛好生出來的產物，在一般人來說不是主產品的就是垃圾，但是有的副產品在營養學上是有特殊意義與價值的。

營養滿分的副產品──豆渣

自己做過豆漿或者是豆腐的人都知道，在做豆漿豆腐的時候，我們必須先將豆子泡水，然後研磨，研磨出的液體煮熟即是豆漿，添加凝固劑凝固後就是豆腐。這樣的情況下，主產品是豆漿或者是豆腐，剩下的「豆渣」就是所謂的副產品。

在營養學的觀點，豆渣的營養並不比豆腐少，其中 50％是膳食纖維，25％是蛋白質，10％是脂肪以及其他營養素，研究論文的結果還顯示對於

預防糖尿病、肥胖以及高血脂都有很好的效果，完全不比豆漿／豆腐的營養差。韓國料理中還有有專門利用豆渣做成的食品像是豆渣煎餅與豆渣湯，如果細究就會發現其實這兩種食物就是用「副產品」製作的！

纖維素的好來源──蔬菜水果渣

其他在寵物飼料中常見的食品副產品還有擠完果汁的各種水果渣，水果渣主要的成分是纖維，基本上水果原有的各種營養素都已經被主產品「水果汁」給拿走了，會拿來使用的原因就只是補充粗纖維來幫助腸胃蠕動。市面上甚至有飼料用到「葡萄渣」，也就是做完葡萄汁後剩下來的葡萄纖維，前面提到過葡萄渣內部應該沒有什麼葡萄的營養素存在，應該不會像葡萄一樣對腎臟有不良影響，但是有這麼多可以選擇的纖維素來源，真的不需要用到有危險性的成分。

美國製造的飼料中最常出現的蔬菜渣是番茄渣（番茄在營養學分類為蔬菜而不是水果），因為不只是番茄汁，在製作番茄醬、義大利醬的時候，都會留下大量的番茄渣，而這些番茄渣含有大量的可溶性纖維，放在飼料中可以促進腸胃蠕動、增加飽足感，還可以預防便祕，最重要的是幾乎不用錢！

維生素 B 群與胺基酸的提供者──釀啤酒的副產品

如果仔細看飼料成分，還可以發現釀啤酒剩下的酵母（Brewer's Yeast）或者是釀啤酒用米（酒渣），這些成分一樣很便宜，但是營養價值

其實是不錯的。這幾年啤酒酵母也成了人類食用的「營養劑」，含有豐富的蛋白質以及維生素 B 群，而且含有大量的必需胺基酸，對於維持身體正常運作有很大的幫助。為了維持營養均衡同時降低成本，飼料公司常常會用啤酒酵母取代一部分的肉類，減少生產成本。

按照 AAFCO 的說法，釀啤酒用米的營養成分與白米（White Rice）無異，唯一的差別是釀啤酒用米被切成更小的碎片，而且對於貓與狗來說都有 98％以上的消化率。在製造一般乾飼料的時候，所有成分都得先變成粉狀後才能開始混合，所以在飼料公司的角度看來，釀啤酒用米的 CP 值不只是高，而且還可以減少製造過程，當然會把製造啤酒後剩下的副產品視為珍品。

營養素與味道的好朋友 —— 肉類副產品

肉類副產品一直是很多毛孩爸媽覺得害怕的食材，也就是動物身上非肉的其他部位，像是內臟、骨頭。基本上在亞洲吃動物內臟的情況還滿普遍的，所以可能根本不能算「副產品」。但是在歐美不吃內臟的國家，內臟當然都算是人類不吃的副產品，相對起來價格當然也會非常的低廉。

在營養學的角度看來，去除飼養時的飲食狀態，屠宰環境，還有保存與運送的過程乾淨不乾淨的問題，在飼料與食物中添加動物內臟是一個再好不過的做法了。內臟的營養成分豐富，含有大量的各種維生素與礦物質，同時高蛋白與高脂肪，還有極好的適口性，再挑食的貓狗都無法拒絕內臟的誘惑，但是內臟的使用上有幾點一定要注意！

1. 內臟的來源乾淨嗎？

這又回到了人可不可以吃的問題。如果飼養動物的食物不乾淨，像是吃廚餘的豬，廚餘裡面可能有農藥、細菌、黴菌等污染，即使豬吃了沒有生病，豬的肝臟裡面可能充滿了各式毒物，這樣的肝臟，不論是人還是伴侶動物都不適合拿來食用。在重金屬污染的草原上飼養的牛羊，體內內臟、脂肪都可能有重金屬超標的機會，當然這樣的內臟是不建議拿來食用的。

2. 屠宰、包裝以及運搬的環境如何？

內臟營養成分豐富，所以也是細菌、黴菌滋生的好環境，是否在屠宰過程中盡量保持乾淨，包裝與搬運過程中是否有足夠的無菌操作、低溫冷藏等。

3. 必須遵守食用量的限制！

內臟營養成分豐富，所以吃太多會有營養過剩的問題，尤其是肝臟當中含有大量的維生素 A，這是最容易過量的營養素，不得不謹慎。

當「副產品」可以幫助提升營養，降低成本，減少資源浪費的情況下，我想沒有人會反對使用副產品。為了地球的未來，改善糧食不足的問題，食品專家應該要更努力的將廢物再利用！但是真心呼籲各食品公司不要忘記做食品的意義與價值，不管對象是人類還是毛孩，把良心留在心裡，以做出幫助人類，毛孩更健康更快樂的產品為目標，這樣才是長久之計；而飼主們更要擦亮眼睛，持續學習正確的觀念，不要被媒體或輿論牽著鼻子走，用知識與智慧了解真相，用消費者的力量留下有良心的產業。

讀懂飼料成分

案例 004

為什麼飼料裡有這麼多亂七八糟的東西？

　　小白的主人養了五隻馬爾濟斯，常常看到她以人用的四輪推車推著精心打扮的五寶到寵物展報到。五隻馬爾濟斯都穿著粉色系列，非常安靜地待在推車上，在吵雜的寵物展裡面，推車好像是一個獨立的世界，不用看到主人我都可以猜到這幾隻狗裡面一定有我熟悉的小白，因為我小時候養的狗也叫小白，所以我雖然記名字的能力很差，通常只能記得住小狗的臉，卻永遠記得這五隻狗裡的老大就是小白。

　　小白的主人是我見過最在乎飲食的毛寶媽媽之一，第一次她來找我營養諮詢就是在展場，而且一坐下來連自己的寶貝都還沒向我介紹，就先拿出三種飼料的空包裝。

　　我看上面用紅筆畫了好幾個圈圈，甚至還有叉叉，她用抱怨的口吻跟我說，為什麼飼料裡面一定要放這麼多亂七八糟的東西？難道就不能簡單地用我們都知道的食材嗎？

　　那麼多很陌生又難懂的成分，像是離胺酸（L-lysine）、大豆碾製過程副產品之綜合物（Soybean Mill Run）、氫氯化吡哆醇（Pyridoxine Hydrochloride）等，看起來很嚇人，她一個一個上網去搜尋，好多網站都

說這些怪怪名字的成分，都是人不能吃，為了降低飼料的製作價格，所以拿來給毛孩用的。這些成分對我們毛孩這麼不好，為什麼飼料公司還要用？

　　所以，這些怪怪名字的成分，到底是什麼讓我們一起來了解看看吧！

Ch4-1

每個成分都有存在的意義

PET NUTRITION FACTS

Ingredients: Chicken, Brown Rice, Brewers Rice, Cracked Pearled Barley, Chicken Meal, Whole Grain Oats, Chicken Fat, Pea Protein, Flaxseed, Dried Beef Pulp, Chicken Liver Flavor, Lactic Acid, Potassium Chloride, Iodized Salt, Choline Chloride, Green Peas, Apples, vitamins (Vitamin E Supplement, L-Ascorbyl-2-Polyphosphate (Source of Vitamin C,) Niacin Supplement, Thiamine Mononitrate, Vitamin A Supplement, Calcium Pantothenate, Vitamin B12 Supplement, Pyridoxine Hydrochloride, Riboflavin Supplement, Biotin, Folic Acid, Vitamin D3 Supplement,) Cranberries, Carrots, minerals (Ferrous Sulfate, Zinc Oxide, Copper Sulfate, Manganous Oxide, Calcium Iodate, Sodium Selenate,) Taurine, Broccoli, Mixed Tocopherols for freshness, Natural Flavors, Beta-Carotene.

Guaranteed Analysis:
Crude Protein .... Min. 19%
Crude Fat .... Min. 14%
Crude Fiber .... Min 3.5%

　　一般而言飼料的成分都是按照添加順序填寫的，大部分國家的法規是寫到2%以上的成分要按照順序，2%以下的成分有的國家不用標示，有的國家是要標示全部的成分但是2%以下不用按照順序，因為這幾年國家法規一直在變，所以大家要自己注意最新的法規為何。

　　很多飼主知道材料標示的順序是按照添加的量為標準後，開始很在乎材料出現的順序，但是我在這裡要提醒一下，材料的順序並不重要，重要的是最終營養素的標準是否均衡，因為飼料公司總有方法可以把「順序」做成大家想要的順序。比如當大家很喜歡肉類是第一個出現的食材的時候，飼料公司就會用「雞肉、牛肉、豬肉」等含有水分的原材料當作「材料」，

因為食材中含有大量的水分，所以在添加順序就會變到很前面，問題是，其實這些成分最後都得烘乾後做成粉狀，才能拿來製作飼料，所以原本的重量根本不重要，我們應該要在乎的是最後的產品中營養素是不是都均衡且安全的。

　　每添加一個成分，不管成分的單價有多便宜，都是多一個成本，所以正常有規模的飼料公司是不可能隨便添加一些成分來「濫竽充數」的。每一個材料都有它「存在」的意義，如果把飼料成分用功能來分類，我們可以大致分成「基礎營養」與「特殊機能」兩大類。基礎營養又可細分為一般的食品材料以及營養補充品；特殊機能可以大分為四大類，其一為預防與治療疾病用的成分，其二為增加美味（適口性）的材料，其三為延長保存期限的保存劑（防腐劑），最後一個則是其他功能，像是讓乾飼料容易黏合聚集的成分。

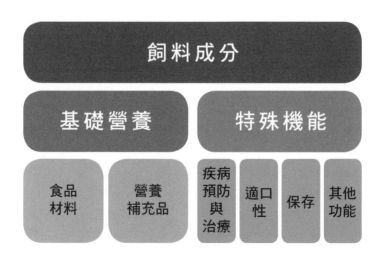

Ch4-2
六大步驟看懂成分表

　　一項一項來看的話，飼料每一個成分都會掉到這六個項目之中，現在來列舉幾個常見的成分讓大家更容易了解。

　　建議大家，如果有英文標示的成分名稱，最好中英文名稱一起參考，因為一樣的成分可能有很多種不同的翻譯方式，有時候我們會被翻譯的方式誤導，不過不只是中文有不同的表現方法，英文其實也是一樣的，像是玉米，英文除了我們常見 Corn 以外，還有一個比較少用的名字——Maize，有的飼料公司為了怕大家不喜歡 Corn，而改標示成 Maize，但其實都是一樣的東西。

1. 食品材料

　　食品材料就是食品的原型，像是我們吃的雞蛋、蘋果、雞肉、玉米、青花菜、豬油等，原來食物的模樣。由於每一種食材裡面含有的營養成分不同，有的成分蛋白質很多，像是雞蛋或肉類；有的成分有很多的纖維與維生素，像是青花菜與蘋果；有的材料可以提供脂肪，像是豬油。

　　跟人一樣，每一種成分都有它在營養素的「優點項目」，同時不得不也有「缺點項目」，完美無缺的食材就像完美無缺的人一樣難求！但是，

也跟人一樣，有的人優點比較多，食物也有優點很多的，像是雞蛋就是一個營養素很豐盛的食材，擁有十七種胺基酸，含有非常適合人體胺基酸需求比例，以及豐富的維生素與礦物質。但是，還是有它的缺點的，像是卵黃含磷過多，完全不含有任何纖維素、維生素 C，同時維生素 B3（Niacin，菸鹼酸），維生素 K 含量很少……所以雖然說雞蛋是接近完美的全營養食物，但是我們是不可能只吃雞蛋過活的。

　　通常食品材料主要的目標為提供基本的三大營養素，蛋白質、脂肪、碳水化合物（纖維），確保這三大營養素在比例上可以維持健康。

2. 營養補充品

　　貓狗所需要的必需胺基酸跟脂肪酸、維生素跟礦物質都考慮的話，對於狗來說有四十四種營養素，對於貓來說有四十五種，為了確保這麼多的營養素都不會缺乏，在使用食品材料後，飼料公司會計算食材中缺乏的特別營養素為何？缺少多少？然後按照需求量添加。

　　這邊列舉一些常見的維生素英文成分名稱讓大家參考：

Thiamine：維生素 B1，常用化學結構為 Thiamine Mononitrate

Niacin：菸鹼酸，又稱維生素 B3

Pyridoxine Hydrochloride：維生素 B6

Pentothenic Acid：泛酸，又稱維生素 B5

Riboflavin：維生素 B2

L-Ascorbyl-2-Polyphosphate：維生素 C

Biotin：生物素，又稱維生素 H、維生素 B7

　　除了維生素之外，礦物質也是必需營養素，大部分在成分名稱中包含有「礦物質」的成分，基本上都是為了補充食品材料中不足的礦物質部分。

　　還有幾個常常被添加的「胺基酸」，像是L-Lysine（離胺酸）、L-Leucine（白胺酸），L-Arginine（精胺酸）、L-Tryptophan（色胺酸）及Taurine（牛磺酸）等，因為這些必需胺基酸在使用一般食材時很容易缺乏造成營養素不足，所以飼料公司會針對食材中缺乏的胺基酸進行添加。

3. 疾病預防與治療成分

　　這部分的食材跟我們平常吃的「保健食品」是一樣的道理，為了要預防老化、癌症，或者是其他的疾病像是肥胖、結石、胰臟炎……甚至有的飼料還會添加食品級「輔助治療」的成分，這些輔助治療的成分也是獸醫師會開的處方成分，不過在材料列管上不屬於藥品而是食品。為了幫助治療，優良的處方飼料會在安全的範圍之下添加。

　　這部分的成分有的其實也是食物的原型，像是魚油跟亞麻籽（Flaxseed），一個含有動物性的Omega-3，一個含有植物性的Omega-3，可以幫助預防老化、癌症，或者是抑制原因不明的發炎反應；我們常見的紅蔘，可以幫助增強免疫力；還有莓果類（藍莓、蔓越莓等）、十字花科蔬菜類（包心菜，青花菜等），因為含有很多抗氧化功能的植物營養素，所以也常常當成預防老化的成分來添加。

　　但是，也有很多的預防／治療疾病的成分，名稱看起來很「可怕」，

例如：左旋肉鹼（L-Carnitine），檸檬酸鉀（Potassium Citrate）等。左旋肉鹼其實是身體中本來就有的成分，主要的功能在搬運身體中的脂肪酸進行代謝，研究發現肥胖的毛孩或者是年紀漸長的時候，體內左旋肉鹼會變少，為了維持健康的體態，在減肥用的飼料或者是老年的飼料中常常會添加。

檸檬酸鉀有飼主誤以為是防腐劑的成分，其實是可以預防結石的成分，甚至有醫師會在有腎臟結石的時候處方給毛孩，因為腎臟結石無法用手術去除，只能用飲食或藥物幫忙控制，其中檸檬酸鉀就是一個常常使用的成分，研究證明對於預防泌尿道結石，特別是含有鈣質的結石，像是草酸鈣（Calcium Oxalate）特別有效。

還有一些成分雖然不是直接對疾病管理有效，但是是刻意使用來調整營養的材料，我一般也會定義成「預防疾病」的材料，像是磷含量很少的蛋白質來源玉米蛋白粗粉（Corn Gluten Meal）以及大豆粉（Soybean Meal）。

有很多飼主認為玉米蛋白粗粉是人類食品加工後剩餘的廉價副產品，而且不好消化還會造成過敏，但是這個成分在我眼中卻是不可多得的好成分，雖然是玉米加工物，可是留下的蛋白質提供了非常多的必需胺基酸，特別是甲硫胺酸（Methionine）與胱胺酸（Cystine）。這兩種胺基酸對於貓咪來說需要的很多，為了提供足夠的胺基酸，不只是狗，連貓的飼料裡也常常會使用玉米蛋白粗粉，這個蛋白質來源因為經過加工了，所以很容易消化，對貓咪來說也是很好吃的食材，可以增加貓咪飼料的適口度，最重要的是磷的含量很少，是少見的低磷蛋白質來源，對於腎臟病、泌尿道結

石等需要限制磷攝取的毛孩，是不可多得的好食材啊！

大豆粉雖然是去除大豆油之後的成分做成的，但是含有非常多種的必需胺基酸，堪比雞肉是很好的蛋白質來源，但是比起雞肉磷的含量卻低得許多，所以也是腎臟處方飼料中常見的成分。玉米蛋白粗粉與大豆粉因為都是食物加工後副產品，所以很容易會讓人覺得很低廉很差，但是在營養成分或者是消化吸收的觀點上，其實這些食材都是又能提供營養又有預防疾病的功能，而且因為是加工過產品，所以也很容易消化，問題是，這些使用的食材必須要保持乾淨、衛生，而不是隨意放置與保管的！

4. 適口性成分（提味用）

經過這麼多年飼料製作的歷史，大一點的飼料公司都會有自己的「增加適口性」的特殊技術，日常生活也有很多毛孩很喜歡的食材，最常見的食材是動物內臟，尤其是肝臟，很少毛孩可以忍得住動物肝臟的誘惑，所以可以看到很多飼料公司會直接使用肝臟來提升口味，但是肝臟含有很多的維生素 A，而維生素 A 又是最容易過量的成分，所以有的飼料公司會改用動物肝臟萃取物，製造出肝臟口味的調味粉，在英文上會標示為 Liver Flavor。

除了肝臟以外，每一家公司多多少少都會添加一些加強適口性的材料，這些成分就跟我們吃的味精（MSG）一樣，添加量不需要太多，而且會是在安全管理之下添加的。由於有很多人對於調味用的添加物，像是味精有很大的誤會，認為味精是很不好的東西，在這裡想來幫味精陳情一下！

　　仔細看味精的化學構造會發現味精其實就是麩胺酸鈉，也就是麩胺酸與鈉的合成物，麩胺酸是一種胺基酸，也就是蛋白質的基礎成分，而鈉就是食鹽（氯化鈉）中的成分。最初會認為這兩個成分合起來後會對身體不好，是因為 1968 年一位美籍華人醫師 Ho Man Kwok 在《新英格蘭醫學雜誌》上發表了一篇短文，描述了自己去中式餐廳吃飯後，突然出現四肢發麻、心悸、渾身無力、頭疼等症狀，他猜測是因為食物裡面添加了味精所致。就這樣一篇「一人研究結果」，在美國掀起了抵制味精的活動，還把吃味精後的症狀稱為「中國餐館症候群（Chinese Restaurant Syndrome）」。

　　然而，最後在多次的實驗證實下，發現天然食品中就含有產生味精的成分，而且並沒有足夠的證據顯示味精對人體有害，所以聯合國農糧組織（FAO）與世界衛生組織（WHO）宣布取消之前所有對成人食用味精用量的限制。說實在話，因為一位醫師的「個人經驗」讓一個只有「胺基酸與鈉」、單純又美味的調味料沉冤多年，實在是太可憐了，我曾在食品課堂上聽食品化學教授說：這樣單純的調味料，安全又美味，怎麼這麼倒楣呢！加點味精就可以吃得安心又美味，他實在想不到更好的食材了！

　　說回飼料提味用的食品添加物，世界上有幾家專門在研發販賣飼料調味添加物的公司，他們有很多可以促進食物適口性的食品添加物特殊成分，有的飼料公司會直接跟他們購買，有的飼料公司則會自己進行研發，這些增加適口性的「祕訣」都會以「Natural Flavor」的成分來標示。有很多飼主對這個成分很感冒，認為這個成分就跟味精一樣可怕。這裡我要強調的是，不管是怎麼樣的食品添加物，如果有研究證明是安全的，像是擁有美國食品藥品監督管理局（FDA）公認安全的認證（GRAS=Generally recognized as safe），就代表專家們有經過充分的研究，確認了這種化學物質或是食品添加物是安全的。與其擔心擁有 GRAS 的食品添加物危險，其實我們更需要擔心的是很多「天然界」卻還沒有被研究確認過的食材，就像看起來對人很安全又健康的洋蔥，如果在沒有實驗研究的情況下，我們又怎麼會知道洋蔥對毛孩不好呢？

5. 保存用材料

罐頭由於是密封後再進行殺菌，所以一般而言是不需要添加防腐劑；而乾飼料製作之後需要長期保存，所以不得不需要添加一些防腐劑。飼料中防腐劑主要成分分為兩大類：第一類是用於預防黴菌生長的「抑制黴菌生長劑」；第二類則是預防食物中脂肪接觸到空氣中的氧氣而被氧化的「抗氧化劑」。

飼料中常見的抑制黴菌生長劑有苯甲酸（Benzoic Acid，又稱安息香酸），丙二醇（PG，Propylene Glycol），乳酸（Lactic Acid），山梨酸（Sorbic Acid）等。其中丙二醇會破壞貓咪紅血球，所以不可以用在貓咪的飼料當中。而在韓國造成轟動的山梨酸，原本在自然界（像是莓果類）中很容易含有，所以有時候不刻意添加也會因為其他添加的食材而含有。

飼料中常見的抗氧化劑則有化學合成的丁基羥基甲氧苯（Butylated hydroxyanisole, BHA）、二丁羥基甲苯（Butylated hydroxytoluene, BHT）乙氧基喹因（Ethoxyquin）以及多種天然界就有的抗氧化劑，像是 β 胡蘿蔔素，檸檬酸，維生素 E，或者是綠茶萃取物、迷迭香萃取物等。

更多有關防腐劑的內容可以參考Ch14：十惡不赦的防腐劑？（P.205）。

6. 其他功能

乾飼料要形成不會碎掉的顆粒狀，除了要有足夠的碳水化合物以外，其實還有很多成分是可以幫忙的，像是小麥麵筋（Wheat Gluten）。

關華豆膠（Guar Gum）則是在罐頭內常見的材料，屬於食品增稠劑，這個材料可以維持罐頭的黏稠度與穩定性，常見於人類食品像是冰淇淋、沙拉醬，因為含有大量的水溶性纖維素，所以可能還有預防便祕、維持血糖穩定等效果。

最後我想要強調，這一章分享的內容，並不是為了推銷某家飼料而寫的，網路上有很多對於食材與飼料安全有很多疑慮的聲音，我很能體會食安問題造成大家很大的恐慌，尤其連人的食物都有不良商家的情況下，我們難免會擔心如家人般的寶貝是否吃得夠安全夠健康。但是，這並不代表我們可以醜化優良食材或者很多努力的飼料公司，我們應該用嚴格的標準監督飼料公司，而且用正確的方式支持優良的飼料公司，而不是只是為了反抗而反抗。希望每一個愛毛孩的飼主，都可以利用心中的智慧，睜大雙眼，不要被炒作蒙蔽了分辨事實的能力，讓我們多花時間多了解，然後替毛孩做出更正確的選擇！

無穀（**Grain Free**）飼料
是什麼？真的可以保護
我們的寶貝嗎？

> 案例 005

吃無穀飼料比較不會過敏嗎？

　　小李很有禮貌地在我演講結束後送上一瓶果汁，說想請教我一些飼料的問題，其實每一次演講沒辦法把每個人的問題都回答完，我自己也覺得很抱歉。他說他有兩隻韓國短毛貓都已經結紮了，他一直很煩惱這兩隻寶貝的「耳朵」，他們都是從街上帶回來的，剛帶回家的時候都有耳疥蟲，治療了很久痊癒之後，兩隻貓的耳朵還是一直都紅紅腫腫的，還常常抓個不停。他聽說「無穀飼料」比較不會過敏，所以也換了無穀飼料，可是吃完一種，又換一種，到現在換了四種無穀飼料，耳朵的狀況還是沒變，他開始懷疑網路上這麼推崇無穀飼料到底是為什麼，也很想知道應該要給寶貝們吃什麼飼料才好。

　　這幾年來從貓飼料開始一直到狗飼料，無穀飼料似乎成了主流，網路上充斥著無穀飼料的各種好處與必要性，甚至把「有穀」飼料批評的體無完膚，每次演講或者是營養諮詢都會有人問到無穀相關的問題，甚至有些飼主已經到了看到穀物就聞之色變的程度。飼料公司配合飼主的需求，不管有沒有意義幾乎都推出了無穀飼料，曾幾何時無穀快成了選飼料的第一原則。身為一個有智慧的剷屎官，應該要有充足的知識與自我評判的標準，而是不該只是隨著輿論起舞，要不要選擇無穀飼料之前，我們應該要來深入了解無穀飼料到底是什麼？我們的寶貝需要選擇無穀，還是有穀呢？

Ch5-1

無穀不等於無碳水化合物（Carbohydrate-free）

「無穀」顧名思義就是沒有「穀物」，也就是說沒有添加任何的「穀物」，所以要確實了解無穀之前，必須要先了解什麼是「穀物」。維基百科是這樣說的：「穀物主要指禾本科糧食作物及其種子，包括大米、小麥、玉米、小米以及其他雜穀，如高粱、野米、燕麥、薏仁米等，其所含營養物質主要為糖類，主要是澱粉，其次是蛋白質，是許多地區人民的傳統糧食。」

也就是說澱粉類的食物，除了地瓜、馬鈴薯、山藥、芋頭、木薯（Tapioca）以外，常見的米、小麥（麵粉的原料）、玉米、薏仁、高粱、燕麥……都是穀物。

簡單地說，無穀就是把提供碳水化合物的原料從「穀物」更換成「非穀物」，但是一樣有碳水化合物，但是穀物對身體不好嗎？

很多剷屎官以為「無穀」與「無碳水化合物」是一樣的意思，認為貓咪是肉食性動物，所以不可以吃碳水化合物（這個主題，我們會在後面的章節談到），所以需要吃「無穀」飼料，但是無穀並不代表沒有碳水化合物，只是沒有使用「穀物」來提供碳水化合物。

　　「無碳水化合物」代表了沒有使用提供碳水化合物的材料（沒有添加澱粉類食物），但是幾乎不可能完全不含有碳水化合物，為了補充肉類（蛋白質材料）不足的維生素與礦物質，需要添加蔬果類食材，蔬果裡除了維生素與礦物質的同時，裡面多少都含有一些醣類以及纖維素。在營養學的分類上，纖維素雖然幾乎無法提供熱量，但是屬於碳水化合物，甚至有些蛋白質材料，像是：雞蛋，100 克裡面含有 1.1 克的糖，正常的飲食是幾乎不可能做到完美的「無碳水化合物」，號稱「無碳水化合物」的飼料只是沒有特別使用澱粉類的食材，多少還是會含有一些碳水化合物。

所以，無穀真的比較健康？

　　現在標榜無穀的飼料多用馬鈴薯、木薯、地瓜……非穀物當作碳水化合物的來源，但是非穀物比穀物來得健康嗎？

　　搜尋國內外網頁，可以找到幾個主要反對穀物以及推崇「無穀」的原因：

1. 穀類容易過敏，尤其是之前飼料常用的玉米。
2. 在野生環境下，狗跟貓都吃不到由人類刻意種植的穀物，所以演化上沒有能力消化穀物。
3. 狗與貓根本不需要吃澱粉類，穀物只是為了讓飼料顆粒成形以及降低成本的填充劑。

　　以上的陳訴到底正不正確，讓我們來一個一個來剖析。

A. 穀類容易過敏，尤其是之前飼料常用的玉米？

並沒有研究顯示對於狗與貓「穀物」比「非穀物」更容易過敏。解鈴還須繫鈴人，過敏還是得找出「過敏原」！每個個體的過敏原不同，給沒有穀物過敏的伴侶動物吃無穀飼料，並沒有任何意義。有食物過敏的毛孩需要確定是哪幾種食物引發過敏的狀況，然後避免，這樣才是真正避免食物過敏的方法！

有過敏的毛孩不多，有食物過敏的毛孩更少

有的飼主太高估「過敏」發生的頻率，其實大部分毛孩一輩子都沒有過敏的問題，就像大部分的人沒有過敏的問題一樣。按照統計結果，有過敏的毛孩只有 10 ～ 20％因為飲食過敏而產生，也就是說大部分有過敏問題的毛孩（80%～ 90%）的過敏原根本與食物無關。看看身邊的「人類」，有「食物過敏」的人比例並不高，毛孩對食物過敏的頻率應該不會差很多，但是有的飼主把食物過敏的可能性放大了，常常遇到有飼主跟我說他的狗或貓會抓癢是不是飼料的問題？我每次都很想問飼主，他自己今天有沒有抓過癢？有時候抓抓癢是很正常的，不需要過度反應，戰戰兢兢、如履薄冰。雖然真的有毛孩因為食物而發生皮膚過敏，但是皮膚有狀況大多不是「食物」的錯，當發現毛孩有皮膚問題或過敏症狀的時候，不應該是「上網搜尋原因或者是換飼料」，而是持續的觀察，必要的時候馬上去醫院檢查，讓獸醫在第一時間幫忙診斷可能的問題。要針對問題才能治本，尤其是隨意的擦藥或者是換飼料，可能只是把情況弄得更複雜，造成更難確診，更難治療，對毛孩並不是什麼好事。

　　如果很不幸地毛孩確診是因為食物造成的過敏，「食物」惹得禍還須「食物」來解，我們會在本章後面告訴大家要如何用「食物」幫助他們改善。

常見的食物過敏原

　　根據 2016 年的統計結果，造成食物過敏的食材排行榜如下：

狗的過敏原	造成過敏反應的百分比例
牛肉	34%
乳製品	17%
雞肉	15%
小麥	13%
大豆	6%
羊肉	5%
玉米	4%
雞蛋	4%
豬肉	2%
魚肉	2%
米	2%
貓的過敏原	造成過敏反應的百分比例
牛肉	18%
魚肉	17%
雞肉	5%
小麥	4%
乳製品	4%
羊肉	3%

資料來源：Mueller RS, Olivry T, Prélaud P. Critically appraised topic on adverse food reactions of companion animals (2): common food allergen sources in dogs and cats. BMC Vet Res. 2016;12:9. Published 2016 Jan 12. doi:10.1186/s12917-016-0633-8

　　讓我再次強調，百分比並不代表所有狗或貓會過敏的比例，研究對象是「已經確定有食物過敏的毛孩」，大部分的狗跟貓就跟大部分的人一樣，是沒有食物過敏的問題的唷！

　　從結果可以得知大部分的過敏原都是「動物類食品」，因為會造成過敏的成分就是蛋白質[*]，所以高蛋白食品首當其衝。很多人很害怕的玉米，按照計算造成過敏的機會在狗是4％，也就是說在確診有食物過敏的情況下，一百隻狗當中也只有四隻是因為玉米造成的，一百隻有食物過敏的貓咪中也只有七隻是玉米的問題。

　　如果仔細看過敏排行榜，常常被說成對皮膚好的「羊肉」不只上榜了，排名還在玉米之前面！這樣子來講，羊肉應該比玉米還危險囉？我是不會這樣解讀的。首先，因為這個統計是在國外做的，食物過敏一定要吃過才會有反應的疾病，所以越常使用的材料越容易上榜，如果重新測試台灣（或者韓國）的結果，我相信答案會不一樣，像是我們因為牛肉很貴，不像美國可以常常食用牛肉，所以對牛肉過敏的毛孩應該比例沒有那麼高。但是，我們都知道美國是量產玉米的國家，想當然爾玉米一定充分地使用在飼料當中，但是我們看到只有4％的狗，7％的貓對玉米過敏，這代表我們真的誤會玉米了。羊肉在台灣（韓國）並不是那麼常見的食材，就如之前所言，沒吃的食物就不會過敏，所以用「沒吃過」的新食材，也是一種幫助緩解過敏症狀的方式，但是可能只能提供短暫的效果，長期食用下，如果身

---

[*] 有一些會造成過敏的成分並不是蛋白質，像是某些防腐劑，這樣的成分會進入身體後與特殊蛋白質結合，在與蛋白質結合的狀況下引起過敏，所以才會說會造成過敏的都是蛋白質。

體覺得這東西不「合適」，開始動員免疫系統製造這個食材的抗體（這就是所謂免疫反應的特定性），那再吃相同的食材的時候，過敏症狀就會開始顯現了。

在我看來並沒有什麼「特別不會過敏的食材」，因為身體的特定性，對什麼食材過敏也是完全無法預測的，而且有過敏的毛孩通常對不只一種食材過敏，唯一可以測試的方式就是「吃吃看」。常常在營養諮詢的時候遇到飼主請我介紹「沒有××」的飼料，原因是「她／他認為他們的狗或貓有×× 過敏」。遇到這樣的飼主我就會對「網路」的力量感到崇敬，現今的網路不只是傳播真理，也有很多扭曲的真相，身為一個愛毛孩的飼主一定要建構基本的知識與思考能力，針對網路上許多似是而非的論調，做出明智的選擇，而不是一股腦地被牽著走。

結論，過敏是「蛋白質」所造成的，雖然玉米也有蛋白質會造成過敏，但是生成的機會並不高，除了小麥其他穀物造成過敏的機會更低，所以穀物並不是造成過敏的主要原因。

B. 在野生環境下，狗跟貓都吃不到由人類刻意種植的穀物，所以演化上沒有能力消化穀物。

有一部分是真的，但是讓我們來看一下狗對於穀物的消化能力：

碳水化合物	消化率
葡萄糖	99
蔗糖	99
乳糖	0-60
馬鈴薯（生）	19
馬鈴薯（熟）	84
玉米（生）	47
玉米（熟）	84

資料來源：Hilton J. Carbohydrates in the nutrition of the dog. Can Vet J. 1990;31(2):128–129.

　　2008 年的時候 Carciofi 在 *Journal of Animal Physiology and Animal Nutrition* 雜誌中發表的研究結果[*]顯示，狗對於測試飼料中的碳水化合物（木薯粉、釀啤酒用米、玉米、高粱、豌豆、扁豆）的消化率都超過 98％，其中又以釀啤酒用米與木薯粉的消化率最高，豆類的碳水化合物相對起來較低。

　　大家一定很好奇，為什麼 1990 年 Hilton 的結果顯示玉米澱粉的消化

---

[*] Carciofi A, Takakura F, de-Oliveira L et al. Effects of six carbohydrate sources on dog diet digestibility and post-prandial glucose and insulin response. J Anim Physiol Anim Nutr (Berl). 2008;92(3):326-336. doi:10.1111/j.1439-0396.2007.00794.x

率即使是煮熟了還只有84％，怎麼會到了2008年就變成了98％以上？其實是因為飼料中使用的碳水化合物原料都需要先磨成粉狀後使用，加上製造過程的高溫高壓，讓原來消化率只有84％的玉米提高成98％以上，所以對於狗來說穀物的消化率並沒有不好，甚至飼料中的碳水化合物消化的情況比我們人類吃的穀物還好。

貓咪飼主一定也很想知道貓對於碳水化合物的消化狀況是如何？按照1987年John的研究結果 *，我們可以得知貓咪對於純化過的碳水化合物（不論是單醣的葡萄糖，或者是澱粉）的消化率都高達94％～99％，對於玉米澱粉或者小麥麵粉的消化率是79％～97％，所以貓咪其實也可以使用穀物的。

所以說，狗是可以消化與吸收穀物的營養，貓也可以消化穀物當碳水化合物的來源，與一些網路上所說的不能消化多少有些出入。但是請記得，貓跟狗都一樣，對於乳糖（奶中的碳水化合物）的消化能力隨著年齡而變差，甚至完全不能消化，所以如果要給毛孩喝牛奶，記得要給特別處理過「沒有乳糖」的產品，要不然大量無法消化的乳糖到了大腸，會變成寄生在大腸內細菌的食物，這些細菌正常的情況下與我們和平地共生，但是當大量的食物（乳糖）出現的時候，細菌會利用乳糖進行發酵，快速生長的同時會產生大量氣體（氫氣、二氧化碳、甲烷的混合物），引起腹脹，大腸內剩下未消化的乳糖和細菌發酵後的產物，會增加大腸內的滲透壓，滲

---

* Hilton J. Carbohydrates in cat diets: digestion and utilization. Can Vet J. 1987; 28(3):129.

透壓大的地方會吸引水分流入，最後大腸內水分增加，造成軟便或者是腹瀉的狀態，這就是我們常常聽到的「乳糖不耐症」，在無法消化乳糖的人身上也是一樣的狀況。至於經由乳酸菌發酵過的優格、優酪乳或者是起司，因為發酵過程中乳糖會變成乳酸，所以對於乳糖不耐症的人或者毛孩都是安全的。

C. 狗與貓根本不需要吃澱粉類，穀物只是為了讓飼料顆粒成形以及降低成本的填充劑。

澱粉是讓飼料的顆粒成形的必要成分，但是澱粉是碳水化合物，所以可以提供熱量，並非完全無意義的填充劑。

可以提供熱量的營養素有三個：脂肪、蛋白質以及碳水化合物。就最近很流行的「生酮飲食」來說，就是把碳水化合物的含量減低，用脂肪取代碳水化合物來提供每日基本所需熱量，當身體沒有碳水化合物提供能量的時候，就會用「脂肪」當作熱量的來源，由於脂肪代謝（拿來產生熱量）的過程中會產生酮體（Ketone Body），所以這樣的飲食稱之為「（產）生酮（體）」的飲食。

不知不覺中心臟在跳動，肺在呼吸，肝臟在代謝，腸胃在消化，這些我們不努力都自然而然在發生的事情，都需要能量與營養維持著，所以每天都需要經由食物獲取充足的營養與熱量。雖然碳水化合物不能算是一種「一定需要的營養素」，但是在維持血糖或者是提供能量上，碳水化合物是舉足輕重的。

　　每天基本需要的熱量是固定的，能夠提供熱量的營養素就只有脂肪、蛋白質跟碳水化合物，如果不想吃碳水化合物，就得增加「脂肪」或者「蛋白質」的含量來提供足夠的熱量。就現今的營養學研究看來，蛋白質吃太多會增加肝腎負擔，還會增加結石的機會（這部分可以參考 Ch1：小心胰臟炎：「好吃」是選擇飲食的唯一標準？ P.23），脂肪如果吃太多，可能會增加心血管疾病的機會，以及肥胖的可能，如果控制相同的總熱量的情況下，並不會造成肥胖，但是如果是自由飲食，脂肪 1 克能提供貓或狗 8.5 千卡的熱量，蛋白質或碳水化合物 1 克只能提供 3.5 千卡的熱量，也就是說吃 1 克的油脂等於吃了 2 克以上的蛋白質或碳水化合物。所以在必需脂肪酸與必需蛋白質（胺基酸）都已經充足的情況下，讓碳水化合物提供部分的熱量可能是更安全的，在沒有特殊疾病的情況下，碳水化合物容易消化、吸收，相對於脂肪或者蛋白質，屬於負擔較小的營養素。

　　即使是人類都沒有碳水化合物的「推薦進食量」，但是就像人類營養師的建議，適量的碳水化合物反而是比較健康的，尤其是需要避免攝取過多的脂肪與蛋白質的情況下，用碳水化合物來提供部分的熱量可能是更安全更健康的做法。

　　但是，貓咪是肉食動物！相較於狗，貓咪需要比較多的蛋白質，同時一次吃太多的碳水化合物會使得血糖上升過速，這樣有可能會增加糖尿病的機會，所以貓咪食物中碳水化合物的含量是需要特別注意的。對於貓咪來說，問題並不是「是不是無穀」而是碳水化合物的「總量」。雖然已經有很多的研究都表示食物中碳水化合物的含量與貓咪的糖尿病沒有直接的關係，真正會造成現在貓咪糖尿病的發生率居高不下的主因是因為居住在

室內所以運動量不足所造成的，但是當一回吃入太多的碳水化合物的時候，血糖會飆高，如果常常有不正常血糖飆高的情況是會增加糖尿病的可能的。如果可以，最好一天分五次以上進食，分散食物造成血糖上升的機會，同時將食物中碳水化合物維持在 36％（DMB）以下，這樣可以避免太多的碳水化合物讓血糖增加過多，也讓碳水化合物取代部分的蛋白質或是脂肪，幫助預防腎臟病或者減少肝臟的負擔。（如果是已經有糖尿病的貓咪，則會建議將碳水化合物降低至 26％（DMB）。）

最後，我們一起來看看幾種食材含有的營養素，大家可能會更有感覺。如果仔細分析，就會發現各種碳水化合物的食材各有不同的營養素特徵，在營養成分來說，馬鈴薯與地瓜並沒有特別出色到可以完勝「穀物」。總而言之，在乎是否無穀不如確定營養是否均衡！

玉米、米、糙米、馬鈴薯、地瓜營養成分表，詳細數據參見下頁表格。

玉米、米、糙米、馬鈴薯、地瓜營養成分表

	玉米	白米	糙米	馬鈴薯	地瓜
重量（g）	100.0	100.0	100.0	100.0	100.0
熱量（kcal）	111.00	352.35	354.00	81.00	12.32
水分（g）	74.00	14.35	15.40	79.50	69.44
蛋白質（g）	3.80	8.11	7.40	2.70	1.06
脂肪（g）	1.90	0.63	2.80	0.30	0.11
碳水化合物（g）	19.40	76.54	73.10	16.50	28.46
粗纖維（g）	0.80	0.00	1.20	0.40	0.00
膳食纖維（g）	4.60	0.37	2.40	1.50	2.84
納（mg）	6.00	3.92	3.00	5.00	87.02
鉀（mg）	240.00	93.83	273.00	300.00	271.78
鈣（mg）	2.00	4.64	13.00	3.00	32.52
鎂（mg）	31.00	15.67	106.00	25.00	22.46
磷（mg）	77.00	79.08	157.00	48.00	44.85
鐵（mg）	0.60	0.44	0.60	0.50	1.12
鋅（mg）	0.90	1.35	1.80	0.70	0.30
維生素 B1（mg）	0.07	0.08	0.38	0.07	0.02
維生素 B2（mg）	0.09	0.02	0.06	0.03	0.04
菸鹼素（mg）	1.40	0.79	5.50	1.30	0.50
維生素 B6（mg）	0.10	0.06	0.17	0.06	0.12
葉酸（mg）	0.00	0.00	0.00	0.00	17.33
維生素 C（mg）	6.00	0.00	0.00	25.00	20.14
α-E 當量（α-TE）（mg）	0.00	0.17	0.65	0.00	0.14
脂肪酸 S 總量（g）	0.00	0.14	0.00	0.00	0.00
脂肪酸 M 總量（g）	0.00	0.26	0.00	0.00	0.00
脂肪酸 P 總量（g）	0.00	0.23	0.00	0.00	0.00
視網醇當量（RE）（μg）	2.40	0.00	0.00	0.00	0.00
水解氨基酸總量（mg）	0.00	7231.77	0.00	0.00	0.00
維生素 E 總量（mg）	0.00	0.20	0.00	0.00	0.16

*μg：微克，質量單位。1 毫克=1000 微克

Ch5-2

無穀可能的問題

　　2019 年 6 月美國 FDA 公布了與「擴張性心肌病」（Dilated Cardiomyopathy，簡稱 DCM），有關聯的飼料名單，這個名單是從 2014 年開始蒐集到 2019 年 4 月，七十七頁的案例報告、五百件以上臨床案例中，發現 91％引發心肌問題的飼料是無穀飼料，89％含有豌豆（Peas），62％含有小扁豆（Lentils），還有一個值得我們關心的數值是 88％引起問題的飼料是乾飼料。

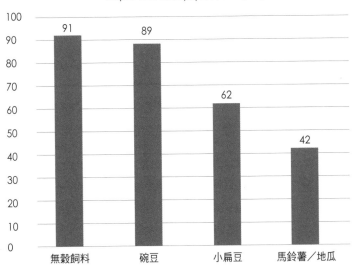

DCM Cass:Ingredients or Characteristics of
Reported Dies(%)1/1/14-4/30/19

　　其實這個臨床報告整理並沒有任何結論，即使在數據上我們看到了91％的問題飼料是無穀飼料，88％是乾飼料，但也只能說無穀飼料／乾飼料可能會引起擴張性心肌病，但是沒有真正發病機制報告出來前，沒有人能說「無穀是不安全的」。這些通報問題的產品，分別來自不同的公司，使用的材料與食譜都是不一樣的，可以猜想得到 FDA 要找出引發疾病的共同點其實是很困難的。

　　但是，這份資料值得讓大家仔細想想選擇無穀的意義到底是什麼？如果無穀沒有任何實質的營養或健康的價值，真的需要刻意選擇無穀飼料給我們的寶貝嗎？

　　這個答案只留給飼主們自己去解答了，因為我也還在尋找答案，真心希望 FDA 或者是相關的研究單位能趕快破解這個無穀之謎，給我們一個更安全更有保障的毛孩營養新標準。

當我的毛孩有食物過敏時

案例 006

為什麼吃低敏飼料，
卻還是過敏呢？

小 Q 是一隻三歲的短毛貓，第一次遇到他，全身都紅通通的，身上好多地方連毛都抓光了，還有些地方不只有傷口，還發炎的很嚴重，連身為獸醫以為訓練有素的我，看了也很難過。

小 Q 的飼主按照要求帶來了四包飼料，一坐下來就跟我抱怨她非常「認真地」在網路上研究貓咪飼料，而且也買了好幾種所謂「低過敏」的無穀飼料，還有「低敏飼料」，可是通通不管用，小 Q 已經到了白天晚上都抓個不停，不只是小 Q，連飼主都無法成眠，終於她忍不住決定要一勞永逸，特別把小 Q 帶來營養諮詢。

最後，我沒有收錢就把她送走了，想知道是為什麼嗎？因為小 Q 的問題應該不是食物造成的！

太多的飼主以為只要抓癢就是過敏，只要是過敏就是食物，可是其實大部分的皮膚問題跟食物並沒有那麼多的關係，比起研究飼料或者是換食物，我們應該先做一些別的功課，該做些什麼功課呢？讓我們一起來了解一下吧！

Ch6-1

食物過敏就用食物治療

　　雖然前面已經強調過食物過敏比我們想得少很多，根據統計，確診是過敏的毛孩中也只有 10 ～ 20％是因為飲食所造成的，而且大多數的毛孩是沒有過敏的，所以各位愛爸愛媽不用太過緊張，如果懷疑自己的毛孩是過敏，我會建議到醫院去讓獸醫師進行檢查，遵從醫師的指導。這裡跟大家分享一下幾個需要注意的事項：

1. 食物過敏確診的方式只有一種： 吃吃看！

　　有時候獸醫師會用皮膚或者是抽血檢查是否有過敏反應，這可以篩選出一些可能的過敏原，但是對於到底是哪種「食物」造成過敏是無法確定的。因為這樣的測試用的是食物中蛋白質的「原貌」，正常來說，食物被吃進去身體後，經過腸胃道消化吸收後造成過敏的成分不會是蛋白質的「原貌」，而是被部分消化後的「新模樣」。換句話說，皮膚或者是抽血檢查的方式，並沒有考慮到每個動物本身的消化與吸收能力不同，所以吸收入身體的時候蛋白質的「模樣與大小」都不一樣，而這些模樣大小不同的蛋白質才是真正最後造成過敏的東西，而不是食物的原型。

舉例而言，假設有四隻毛孩 A、B、C、D，在原型食物 X 測試時，A、B、C 對食物 X 有抗體會造成過敏反應（也就是檢測結果為陽性＋），但是毛孩 D 對食物 X 沒有抗體，所以檢測上沒有過敏反應（結果為陰性－），經過個體不同的消化過程，A 消化後沒有產生任何造成 A 過敏的過敏原，B 與 C 雖然消化的能力類似，但是只有 B 身體認定消化後的成分為外來物質，所以產生抗體發生免疫反應，而 C 身體沒有產生抗體，所以不會過敏；至於毛孩 D 雖然在血液／皮膚檢測時並沒有對食物 X 的原型有反應，但是經過消化後，生成了一個看似新結構的蛋白質，而 D 的身體認定這是外來物產生抗體，進而引起了過敏反應。

不同個體	血液／皮膚抗體測試		消化能力	消化後過敏反應
A	＋ 檢測有過敏反應	食物 X		× 過敏原消失
B	＋ 檢測有過敏反應	食物 X		○ 過敏原存留
C	＋ 檢測有過敏反應	食物 X		× 過敏原消失
D	－ 檢測沒有過敏反應	食物 X		○ 過敏原生成

原食物蛋白質 X　　消化後蛋白質　　抗體

這邊我們可以看到一般的血檢／皮膚的抗體檢測，只能拿來參考，食物到底會不會引起過敏，到現在可以知道的方法只有吃過有反應才能真正知道。

2. 用好消化的蛋白質幫忙減少過敏症狀

　　健康的消化系統會把蛋白質都消化成胺基酸或者是很小的胜肽（Polypeptide，是由三至一百個胺基酸連結而成的結構）後經由小腸壁吸收，正常情況下大的蛋白質是無法進入身體，一般來說會引起免疫反應的蛋白質必須是 4 ～ 5kDa* 以上，健康的腸壁這樣大的蛋白質是不應該能通過小腸吸收的。所以大多數食物過敏的動物除了有消化能力不足的情況，同時腸壁吸收的部分應該多少也有問題，才可能把原本不該被吸收的大型蛋白質也吸收入體內，進而造成過敏反應。

　　所以可以考慮選擇比較容易消化的蛋白質來幫助減少消化不足就吸收的問題。那怎麼樣的食物算是好吸收的蛋白質？首先，稍微加熱料理過的蛋白質因為加熱的過程會讓蛋白質橫向連結斷裂，可加速消化之進行；但是在過度的加熱的過程中可能會造成橫向連結的生成，反而使消化進行困難。一般而言，加熱料理的蛋白質食材會比未料理的生食容易消化。再來，把材料切得越小越細越好，通常在製造飼料的時候，第一個步驟就是把所有的食材做成「粉末」後再按照比例混勻，所以飼料就算不經咀嚼也很容易消化吸收。理論上，比起一般居家料理飲食，飼料應該要比較好消化才是。

　　市面上有食物過敏專用的處方飼料，這樣的飼料多為把飼料中蛋白質

---

* 道爾頓（Dalton, Da），是用來衡量原子質量的單位；本文的 kDa 是指千道爾頓。

成分先「加水分解」（hydrolyzed）成非常小的單位，所以就算毛孩無法完整消化蛋白質，直接吸收飼料中蛋白質的成分，也不會造成過敏。這是一種很基本把問題解決的方式，如果真的是「食物」引起的過敏，理論上這樣的處方飼料應該會改善症狀，如果持續三個月以上餵食這樣的處方飼料（必要時需要在獸醫的指導之下同時進行藥物治療感染）還不見改善，那我們可能要懷疑有可能不是「食物過敏」造成的問題，或者是「複合性」的過敏反應，不只是食物的問題，還同時有其他的問題，像是環境中的花草、塵……要確定是否有其他環境中的過敏原，可以利用血液檢查或者是皮膚過敏測試確定。還有一個我們不能排除的可能：飼料中含有的特殊成分，比如說防腐劑，吸收進身體後，與體內的蛋白質結合造成的過敏反應，或是飼料可能並不像他們宣稱的一樣，蛋白質有「充分地」分解到夠小。

　　當飼主發現毛孩過敏的問題不見改善，會開始對毛孩的獸醫失去信心，大部分的飼主應該會馬上換一家醫院看看。我很想用獸醫的角度跟大家分享，因為身體很複雜、疾病更複雜，到現在為止食物過敏又只能用餵食看看的方式確認，所以真的找到所有可能的問題進行治療是很困難的。尤其過敏症狀通常需要三個月才能完全消除或確認，如果在這時候換一家醫院，新的獸醫也只能從飼主的資料中「猜測」之前做過的檢測，然後接著繼續測試下去，最後可能不是越換醫院毛孩越健康，而是情況變得更複雜。所以我真心希望對毛孩好，請堅持在做食物過敏治療的期間，維持同一個獸醫，一直到釐清出真正的原因，對症下藥。先入為主地覺得獸醫很爛，馬上換醫師，最後很可能會前功盡廢，為了毛孩好不要他們受苦，更要積極地配合獸醫的指示繼續測試。

3. 詳細記錄所有毛孩吃入的飲食

　　常常可以看見造成食物過敏的原因不只是主食，點心的情況更是普遍，所以在飲食控制或飲食測試的時候要堅持不要給任何非主食／測試食物以外的食物，如果不小心給了，一定要做紀錄以及觀察吃完之後幾天內症狀是否有特殊的變化，記得一定要讓獸醫知道當作參考。如果發現有造成過敏惡化的食物，首先要避免再次食用，讓獸醫知道，獸醫會針對成分進行分析。

　　我個人建議，在過敏期間，除了處方飼料／主食之外，只能給「單一食材」的點心，而且盡量避免蛋白質的食物，低蛋白的蔬菜或水果相對起來較為安全。在測試食物的時候，除了有一個「確定不會引起過敏」的主要飲食之外，一次只能測試一種食材。

舉例而言：當獸醫疑心有食物過敏時

　　第一階段：先選擇特別為食物過敏患者食用的處方飼料單吃三個月以上，如果皮膚已經有感染的現象，同時要接受藥物的治療，這段期間不能給任何其他的食物，只能吃飼料。

　　如果是食物過敏，在沒有其他飲食，「只」餵食處方飼料三個月的情況下，症狀應該會有改善。

　　第二階段：單吃食物過敏處方飼料三個月後，症狀已經獲得改善時，

可以開始做食材測試，一次一個食材。一般免疫反應生成需要七天，所以除了處方飼料當主食之外，想測試的食材至少每日持續給兩個禮拜到一個月，而且要持續細心地觀察，如果期間內症狀沒有惡化，那這食材應該屬於安全的，但是如果期間症狀變嚴重，請馬上停止，然後把這食材列入「會引起過敏」的食物，在日常生活積極地避免。

我個人會建議狗狗從低糖的水果或蔬菜開始，因為水果與蔬菜是比較健康的點心，至於肉食型的貓咪大概對蔬菜水果不會有興趣，測試起來也沒有什麼意義，結論還是以營養好、毛孩也愛吃的食材當作優先測試的對象。

食物過敏是一個很麻煩的疾病，我們要先找到減緩症狀的飲食，像是特殊的處方飼料，然後再來慢慢測試各種特殊食材，同時也要積極地做好皮膚管理（像是保濕）。這是一個長期抗戰，不只是飼主與毛孩，其實獸醫也常常感到很沮喪，但是一定要有持續而且堅定的決心，相信一定會有改善。一旦找到適合的食物後，如果沒有出現新的症狀，盡量不要隨意更換飲食，真心希望每個受食物過敏之苦的毛孩都能快點找到合適的飲食。

當貓咪有腎臟病時：

關於低磷飲食

案例 007

多囊腎病貓的困擾，
如何控制蛋白質跟磷

　　Ling 是兩隻貓咪的媽媽，兩隻是同胎的波斯貓，同時都患有先天的貓多囊腎病。雖然大部分罹患多囊腎病的貓，都是有症狀出現後檢查才發現，所以確診的時候狀況都不是太好，但是因為 Ling 得知自己兩隻貓的爸爸因為多囊腎病英年早逝，所以 Ling 當時馬上帶著才兩歲的寶貝們去醫院檢查，檢查結果發現兩隻貓腎臟指數雖然都還正常，但是超音波上已經看到多囊腎病的症狀了。從那時候開始，Ling 聽主治醫師的建議開始給兩個寶貝吃腎臟處方飼料，吃了好幾年，Ling 一直覺得兩位寶貝很可憐，她很想用鮮食做出類似處方飼料的點心給她的寶貝吃，所以來找我做營養諮詢。

　　一見到我，她馬上拿出一整本筆記給我看，說她很努力地蒐集了非常多營養相關的資料，也把我第一本書都詳讀了。但是越研究，她越是發現真的很難做出營養均衡的飲食，而且還要控制蛋白質跟磷，這兩種營養素都是貓星人喜歡吃的肉類裡面過多的成分，她很想知道飼料公司到底是怎麼把食物中的「磷」給變少的？我們自己在家裡也能做到嗎？

　　長期過量的蛋白質與磷，會增加腎臟的負擔，所以在預防腎臟病或者是管理腎臟病的時候，我們會限制飲食中蛋白質與磷的含量。由於貓咪

是「肉食性」動物，所以我們直覺會覺得貓咪就是要「吃肉」，但是就如
Ling 所言，肉裡面不只是蛋白質很高，磷也很高，要如何做出低磷的飲食，
真的是很不容易。

Ch7-1

飼料公司作出低磷飲食的方式

　　飼料公司製造低磷食品的方式主要有兩種，一種就是使用原本磷成分含量特別少的原料，另外一種方式是用添加螯合劑，讓食物中的磷無法被腸胃吸收，從糞便當中排除。

　　一般而言飼料公司在製作低磷產品的時候，不會直接使用新鮮食材，而是會用處理過的特殊食材像是：玉米蛋白粗粉、大豆粉都是經過加工處理後的食材，可以提供很好的蛋白質，同時含有低量的磷，對於要控制磷攝取的毛孩是很好的原料。

　　之前有腎臟病的貓咪飼主問我說為什麼肉食動物的貓咪腎臟處方飼料的主成分竟然是大豆粉而不是「肉類」，其實答案就在上面，成熟的大豆蛋白質的組成並不輸給肉類，經過加工的大豆粉，磷的含量又比肉類少很多，所以飼料公司並不是為了降低成本不使用肉類，而是用心地選擇了大豆粉來提供更適合毛孩需求的蛋白質來源。

　　至於常見的磷螯合劑有碳酸鈣（Calcium Carbonate）或者是醋酸鈣（Calcium Acetate），有時候病患檢查出血中磷過高的時候，獸醫會另外處方磷螯合劑，減少腎臟的負擔。

　　如果真的想要自己在家製作飲食給毛孩吃，可以參考下方表格。

一般食材中含磷量

食物種類	低磷含量 0~100mg/100g	中磷含量 100~250mg/100g	高磷含量 >250mg/100g
肉類		豬腰、豬心、牛肉與豬肉（低脂肪部分）、雞肉	各種動物的肝臟、牛心、鮭魚
豆類			黑豆、綠豆、紅豆、黃豆
奶蛋類	蛋白、牛奶*	雞蛋、奶粉*	蛋黃、起司
五穀根莖類	地瓜、馬鈴薯、饅頭	白米	全穀類（例如：糙米、麥片）、小麥、麵粉
蔬菜類	紅蘿蔔、青花菜、波菜、空心菜、大白菜、青江菜、南瓜、小黃瓜、高麗菜	毛豆	紫菜
水果類	桃子、蓮霧、香瓜、木瓜、水梨		

　　盡量選擇磷含量較低的食品，但是要特別注意，常常拿來提味用的肉汁或骨頭湯裡面的磷含量很高，一定要避免。我個人比較建議主食還是選擇可相信的飼料公司所提供的處方飼料，每日可吃的卡路里 10％選擇磷含量較低的點心，因為要做出完全符合營養需求又可以輔助改善或預防疾病的功能，實在不是一件很容易的事啊！

＊大部分的毛孩有乳糖不耐症，要選擇去除乳糖的產品。

生食真的很棒嗎？
生食一定要注意的事項

案例 008

小心，生食感染！

　　有一位韓國朋友養了四隻貓，雖然都是流浪貓，可是遇到了我的朋友，我相信他們都變成世上最幸福的貓了！這位朋友是「生食」的追求者，她跟我討論過很多貓咪的問題，她說四隻貓在生食之後，都不藥而癒，像是老二的皮膚病，老三的便祕，開始吃生食之後都好了。

　　說實話，最初聽到她餵生食的時候，我很反感，甚至有想跟她切八段的準備，可是看到她很認真地跟我討論食譜，還有四隻貓星人外表上都看起來很健康的樣子，我慢慢放下對生食的反感。仔細想想，熟食能吃，當然生食也能吃，就像我們會吃生魚皮，韓國還吃生牛肉、生章魚呢！

　　前陣子，我跟她吃飯的時候，她突然講到她不餵生食了，我一追問，她才支支吾吾地說前一陣子四隻貓突然集體上吐下瀉，送去醫院才知道是食物中毒，主治醫師說應該是生肉感染造成的，她一直不敢跟我說，因為怕我罵她……

　　那時候我才知道，原來我是一個看起來這麼「兇狠」的獸醫啊！不過還好，四隻貓咪都很強健，住院治療三到五天之後，見面當時都已經恢復了正常，雖然我還是忍不住多念了兩句，但是看到她這麼辛苦地照顧四隻貓主子，我心也軟了。經過這個事情，我體會到生食有很多需要注意的事

項，我必須要做出提醒。到底餵生食有什麼要特別注意的呢？一起來看看吧！

Ch8-1

生食的好處與隱憂

　　這幾年「生食」一直是網路上討論的重點話題，支持生食的朋友們看到自己的毛孩吃了生食之後身體變健康，所以開始幫生食背書，但是大部分的獸醫都反對生食，我想要跟大家聊聊到底生食好不好？生食的問題在哪？在選擇生食之前，我們應該要注意些什麼？

　　其實並不是所有的獸醫都反對生食的，甚至在某些情況下獸醫還會使用生食來幫助治療，比如說有獸醫使用生食治療有防腐劑過敏的毛孩，完全的生食當然沒有防腐劑，雖然防腐劑造成過敏的機會很低，但是如果真的是防腐劑造成的過敏，生食是可以幫助改善的。也有獸醫在貓咪因為便祕造成巨大結腸的情況下使用生食來幫忙治療，理由是貓咪在野外都是生食，在沒有吃纖維的情況下，並沒有便祕的問題。在我看來，生食會減緩貓的便祕問題最可能的原因應該是因為吃生食的時候水分攝取量比起飼料高很多，加上生食會有一些細菌的存在，充足的水分加上些微的腹瀉，便祕的情況明顯獲得改善。也有獸醫會使用生食來輔助治療 IBD（炎症性腸病，Inflammatory Bowel Disease），IBD 是一種原因不明的腸炎，症狀是持續下痢，由於原因不明，所以一般在治療時非常地棘手，大部分獸醫會用類固醇強制把發炎的情況抑制下來，曾經看到有獸醫使用生食後 IBD 獲得改善的案例。

　　已經有這些生食變健康的案例，為什麼大部分的獸醫還是不建議飼主使用生食呢？

　　因為即使有一些生食幫助毛孩的案例，但是生食治療的原理並沒有充分被證實與解釋，而且並不是同樣疾病的毛孩都有效，也沒有吃生食比吃熟食疾病發生率比較低的研究結果。在獸醫的角度，這樣的方式並不能變成標準治療的方式，加上生食有一些潛在的危險，身為「治療疾病」的獸醫不得不持保留態度。所以，生食潛在的問題是什麼？

Ch8-2
選擇生食的注意事項

1. 食物的新鮮度

在加熱過程中，絕大部分的細菌／寄生蟲都會被殺死。生食如果本身有寄生蟲或者是寄生蟲卵，食入後遭受感染的機會是非常大的，尤其是水產像是魚，不論淡水、海水還是養殖，含有寄生蟲／卵的機會很高的，而且因為很難用肉眼辨別，很容易不小心食入。

生的食物（特別是肉品）比較容易滋生細菌，這問題有時候甚至比寄生蟲還來得嚴重。從動物屠宰後的那一刻開始，細菌就開始滋生，冷凍或者是冷藏保管都無法完全防止細菌的滋生，只能減緩細菌的增生速度，有時候即使我們不覺得味道有任何改變，但是檢查就會發現細菌已經超出我們身體能忍受的範圍。按照細菌種類不同，可能發生的問題也不一樣，如果生食中含有彎曲桿菌（Campylobacter）、大腸桿菌（E. Coli）或者是沙門氏菌（Salmonella），有可能會造成嚴重的食物中毒，輕微症狀可能只是上吐下瀉，如果嚴重的話甚至會致死。

很有名的肉毒桿菌（Clostridium Botulinum）是一種極厭氧之產孢桿菌，肉毒桿菌毒素是真正的致病因子，會引起神經性中毒，嚴重的時候甚至會造成死亡，但是毒素不耐熱，只要加熱高於 85℃煮五分鐘以上即可破

壞毒素，所以生食的時候也有機會增加肉毒桿菌毒素中毒，不可不防。

　　我們自己不會生吃從市場買回來的肉品，就算是在超市裡面包裝看起來很乾淨的肉我們也不會拿來生吃，我們知道可能會有細菌會有寄生蟲的問題，所以如果要給毛寶貝吃生食，也應該比照我們對我們自己的方式，尤其是炎熱的夏天，因為溫度高細菌滋生的速度更快，生肉／生魚中細菌過量的機會就會增加，所以如果要給我們的毛小孩吃生食，千萬要注意夠不夠乾淨，夠不夠安全！

2. 營養成分的消化與吸收

　　雖然有的營養素在生食的情況下保有的比較完整，但是有的營養素在加熱後比較容易消化與吸收，像是蛋白質在適度加熱後，因為熱能會破壞橫向連結，所以相對起來熟食中的蛋白質消化的會比較好；脂溶性的成分像是葉菜類常見的維生素 A、維生素 E、維生素 K，在有油脂的情況下料理後，脂溶性成分會從葉菜類中溶解出來，讓身體更容易吸收。所以在餵食生食的時候，跟熟食料理一樣要考慮營養成分的不均衡，生食中容易缺乏的營養素，要另外考慮添加。

　　如果生食蛋白質的主食為生魚的時候，還要特別注意維生素 B1 不足的狀況，因為有的魚肉本身有分解維生素 B1 的酵素，加上生魚肉上的細菌也會產生分解維生素 B1 的酵素，這些分解維生素 B1 的酵素加熱過後就會被破壞，所以吃熟的魚肉並不會有問題，但是有長期吃生魚當主食的貓，因為沒有補充維生素 B1，產生嚴重的維生素 B1 缺乏症，出現不可逆的神

經症狀，所以在生食的情況下，要特別注意！全穀類（胚芽米、糙米、全麥）、瘦豬肉、肝臟、豆類等材料含有較多維生素 B1 可以幫助補充。

3. 營養均衡

不只是生食，自己在家做食物給毛孩吃的時候，都應該要注意營養是否均衡。我在做寵物營養諮詢的時候發現生食比較容易發生的問題為「鈣磷比」，大多生食的飼主以肉類為主食，肉類不含骨頭的時候，磷的含量會比鈣多很多（像是雞胸肉的鈣磷比為 1:17.8，但是 AAFCO 的建議為 1:1 ～ 2:1），同時蛋白質也常有過量的問題，生食情況下可以選擇的食材相對減少，碳水化合物類食物的消化與吸收變得很差，普遍來說比熟食營養不均衡的比例看起來更嚴重。如果想生食，建議除了要有夠乾淨與安全的食材之外，計算營養素，同時最好配合上料理過的蔬菜與澱粉類，幫助補充缺乏的營養素，也幫助消化。

有人說生食／肉食時胃酸才會夠酸，這樣消化系統才健康，這是真的嗎？

肉食（蛋白質含量高，碳水化合物含量少）或者是生食（特別是生肉）的確會讓毛孩胃酸酸度變強（pH* 降低），也就是說高蛋白的確會增加胃酸的分泌。正常的情況下，狗的胃酸最酸的時候 pH 可以逼近 1，但是如果

---

* 科普一下，pH 是一種表現「酸鹼程度」的標準，數字越小就越酸，7 則是中性，14 則是最鹼。

飲食中含有較大量的碳水化合物，那狗的胃酸甚至可能會變成 pH=4，給大家做參考，人的胃酸 pH 也大概在 1 ～ 4 之間，也是一樣按照食物攝取的時間與內容有所不同。吃越多肉（蛋白質），胃的酸度就會越酸，如果生肉那效果是更強的。

在演化的過程當中，身體會努力適應環境，慢慢調整成用最少的能量來維持生命，所以健康的身體只會在需要增加胃酸分泌的時候增加胃酸分泌。胃主要的機能就是幫助蛋白質消化，所以如果吃了很多蛋白質（肉食），或者是吃了不容易消化的蛋白質（生食），都會增加胃酸的分泌，使得 pH 減少，也就是酸度增加。但是當吃了有碳水化合物的飲食，蛋白質的含量減少，相對起來，胃酸就不需要那麼多，胃液的 pH 也會上升了。

如果說為了讓 pH 降低（胃酸夠酸）來維持消化系統的運行，所以需要吃生食或肉食，我本身比較不能理解。比如說：飼料在製造前，已經將所有的材料製造成粉末狀後混勻，最後做成顆粒的狀態，這些過程當中會讓飼料容易消化，營養素也容易吸收，所以吃飼料的毛孩消化系統不需要過度的使用就可以充分地消化與吸收（所以有的狗吃飼料不咀嚼直接吞，也不會有消化不良的原因），身體並不需要像食用生食或肉食的情況讓胃酸大量分泌，就能輕易地將飼料消化吸收，所以也不會形成胃酸分泌不足而引起消化不良的問題。

我自己的看法是，健康的動物會自然而然按照食物的成分與狀態調整消化的能力，所以並不需要刻意用飲食調節胃酸來改變動物的消化系統。

補鈣的注意事項

　　前面提到說如果只給毛孩吃肉，很容易會有磷吃太多鈣質不足的問題，所以要特別注意補充鈣質。有的飼主會在給生肉的同時提供生骨頭，認為在野外的情況下，本來就是這樣吃的，在營養學上是正確的，骨頭的確可以補充鈣質，但是曾經看到啃骨頭啃到胃穿孔的病患後，我就不再建議飼主將骨頭一起給，尤其是生的骨頭，咬不碎的話營養無法吸收，咬碎了又怕中間會有尖銳的部分被吞入，尤其是雞骨頭特別的危險，吞入進肚子後，消化得掉是好事，就怕還沒消化之前刺穿腸胃道，弄不好會造成腹膜炎。

　　所以如果想要用骨頭來補充鈣質，建議用已經磨好的「骨粉」而不是一整根骨頭。以我的立場，完整形狀的骨頭對毛孩來說太不安全了，雖然腸胃道穿孔的發生機會不高，但還是不要掉以輕心才好。

Ch8-3

鮮食當然好，但別忘了均衡

　　每天新鮮現做的食物，新鮮、美味，但是到底健不健康？那就不一定了！

　　所謂健康的飲食，有兩個必要條件，一個是營養均衡，另一個是安全的料理方式！換句話說，新鮮油炸的炸雞雖然新鮮又美味，可是營養並不均衡，高溫油炸又容易產生致癌物質（丙烯醯胺、多環芳香胺化合物等），所以鮮食可能很新鮮很美味，但是不等於就是健康。「健康的」鮮食，是需要許多的努力做到符合基本營養需求，還需要使用正確又安全的方式來製作。

　　當初還在念獸醫系寒暑假比較空閒的時候，會計算營養素做鮮食幫寶貝們進補。在製作鮮食的過程中發現，因為家裡的狗狗體型很小（2.5公斤的約克夏），要做到營養均衡變得更加的困難，為了做到必需營養素都符合健康條件，需要很多不同的食材來配合，但是每一次料理的份量太少，結果不是材料剩下一大堆，要不然就是煮一大堆，我老公也只好跟著晚餐吃一樣像是「嬰兒食品」的東西。

　　有飼主曾經問過我，人沒有計算營養素，還不是活得好好的？我的第一個想法是：我們真的活得好好的嗎？

身為一個有營養專業背景的人，很汗顏地在去年底健康檢查的時候發現自己「維生素 D 嚴重不足」。在發現自己維生素攝取不足前，我在演講中時常提到「韓國的營養狀況研究中發現冬天的時候由於日照變少，大部分的人都有維生素 D 不足的情況」，但是我卻沒有仔細看過自己的飲食與生活習慣造成自己維生素 D 缺乏，我還以為冬天不定期的攝取維生素 D 以及每日一杯牛奶、一顆蛋，應該就不會有維生素 D 缺乏，最後可能是每日攝入的總量不足，也可能是防曬做太好（人體在充足的陽光（UVB）照射下皮膚可以自行合成），造成了維生素 D 缺乏的狀況。

民國 103 年到 105 年的「台灣人國民營養健康狀況變遷調查」中提到「國人維生素 D 的攝取狀況普遍偏差，僅男性一到六歲、男性十九到四十四歲、女性兩個月到六歲，其平均攝取量達 DRIs 建議量，其他年齡層的男女性均未達建議攝取量」。放大來說，現代人雖然飲食豐富，但是營養卻是不均衡的。很多人都知道維生素 D 不足的時候會影響鈣質的吸收不良，進而造成骨質疏鬆的問題，但是忽略了其實還有很多我們沒發現的問題，像是免疫力下降，甚至會增加癌症的機會，就像我自己在維生素 D 不足的時候，一直感冒，每天都咳嗽的很嚴重，我雖然一直在找問題的來源，卻完全沒想到問題就是維生素 D ！

我們每天吃的食物那麼多樣，沒有經過仔細計算評估，都會有營養不均衡的狀況，那在準備毛孩鮮食的時候，就更容易會有缺乏或過量了。一般而言，在家準備毛孩的飲食的時候食材的選擇比較不容易，當食材多樣性較低，種類比較偏頗的時候，發生營養不均衡的機會就會增加。

　　狗與貓的壽命比人短很多，身體的老化與代謝的速度較快，一樣是一餐營養不均衡的情況，對人來說可能影響不大，但是對於狗與貓來說相對起來影響很大。更重要的是，如果食材種類太少，營養素缺乏的機會增加，整體而言可能不只是好不好吃，而是會不會生病的問題。很多疾病在飲食不健康，長時間營養不均衡的情況下更容易發生，比如說結石、腎臟病等；如果大量缺乏的時候，甚至在短時間就可能會發生急性的問題。比如說貓咪以生魚片為主食的時候，因為有的魚肉含有維生素 B1 的分解酵素，造成維生素 B1 被分解，引起維生素 B1 缺乏症，發生神經症狀等問題。

　　一個安全又健康的一餐，必須要考慮的營養素超過四十餘種，其中不只是礦物質、維生素，還有必需胺基酸跟必需脂肪酸等，加上正確的料理方式，比如說要如何清洗食材減少農藥的殘留，添加油脂的料理可以幫助脂溶性維生素的吸收，水煮的飲食會讓水溶性維生素溶到水裡，讓最後飲食中的水溶性維生素減少，高溫的料理方式會造成致癌物的生成等，當我們有這些基本的食品營養學知識的時候，不只是對毛孩好，也對我們自己好。鮮食的好處，只有在有充分知識的情況下才能發揮！

　　在我營養諮詢的生涯當中，曾經遇到過一隻可卡，他的主人非常愛他，甚至為了每天陪伴他而辭去工作。為了給他最好的，飼主每天都準備鮮食，而且非常仔細地把成分都做了記錄。當初開始吃鮮食的原因是因為狗狗有過敏的現象，獸醫做了血液抗體檢查發現狗狗對於很多食材過敏（這並不是正確的食物過敏的檢測方式，我們在 Ch6：當我的毛孩有食物過敏時（P.98）已經討論過了。血液中有抗體並不代表會對那食物過敏，這樣的檢測方式忽略了我們吃進的食物是經過消化系統消化成更小的分子量後

才吸收的）。當飼主發現狗狗幾乎對所有的「蛋白質包括許多肉類」都有抗體，為了準備「狗狗沒有抗體」的食材組合而成的鮮食，她做了非常多的研究跟功課。可是吃了自製鮮食半年後，狗狗開始常常不明原因的吐，剛開始偶爾一次，最後變成一天至少一次，有時候甚至一天好幾次。飼主很認真地把吐的時間，吃飯時間，吃的食物全都做了統計與比較，拿來給我分析，我雖然看不到吐與飲食的成分有什麼特別的規律，但是我很確定這樣不均衡飲食是很危險的，需要進一步的計算營養素分析，但是飼主非常堅持地跟我強調狗狗在她的鮮食管理下，並沒有再出現過「過敏症狀」，我說服不了她只好讓她帶著狗狗與厚厚的食譜紀錄回去了。又過了半年，經過了一年鮮食後，嘔吐的症狀更嚴重，嚴重到一吃食物就吐，飼主終於帶著狗狗去了醫院檢查，主治醫師看了超音波發現很有可能是胃癌，但是獸醫還是沒辦法解釋與教育飼主有關鮮食的部分，又請飼主來找我諮詢。

　　意識到自己可能害了自己的寶貝的飼主，終於願意好好聽我說說看法，我花了快五小時把一年的資料整理分析後發現，主人把狗以素食的方式在餵養，一年來最常出現的組合就是「高麗菜、青花菜＋飯」，她懷疑會造成狗狗過敏的肉類幾乎沒有出現過。看完資料我真的不知道該恭喜她成功地管理（？）了她所擔心的食物過敏，還是該告訴她一年來不均衡的鮮食與過多的纖維素，可能就是造成胃癌的主要原因……

　　已經有足夠公信力的飼料公司製作的「食物過敏處方飼料」安全、簡單地管理有食物過敏的毛孩，但是飼主因為愛狗，選擇了自己辛苦地製造營養不均衡的鮮食，運氣很不好的，她沒有得到「健康與長壽」而是「疾病與死亡」……

　　這是一個很極端的例子，所以我記憶深刻，告訴大家這個案例，並不是要嚇唬大家，而是想表達我百分之百贊成鮮食，但是有一個附加條件：飼主能確保自己提供的鮮食營養夠均衡，不管是購買的也好，自己做的也罷，一定要確認營養是否有符合 **AAFCO** 的營養素需求標準。

Dr. Tammie 小提醒：
如何判定毛孩的健康外貌與指標

　　一般來說營養均不均衡是很難用肉眼觀察到的，就像我怎麼也想不到自己會維生素 D 缺乏一樣，但是還是有幾個基本上健不健康的評分標準可以給大家做個參考。

眼睛

　　眼睛是靈魂之窗，可以給我們很多資訊，像是眼睛是不是有神？可不可以正常對焦（仔細看他們能不能用可愛的眼睛專心地看我們）？有沒有眼屎？眼屎形狀是怎麼樣的？在眼眶裡白色線狀的眼屎很有可能是乾眼症的狀況，當毛孩年紀大了容易會有乾眼症，嚴重的情況會造成角膜炎甚至是角膜潰瘍、角膜穿孔等問題，雖然很多人不喜歡毛孩眼淚造成的紅色淚痕，在獸醫的角度看來有充足眼淚是更健康的，但是如果眼淚分泌太多也是一種疾病的狀態，需要找出原因治療。

皮毛

　　皮膚上有沒有特別的問題（例如：掉毛、皮膚感染）？毛髮有沒有光澤？摸起來的感觸是否柔順？營養充足的時候毛髮相對起來比較柔順有光澤，但是每種品種的毛孩毛髮特徵都很不一樣，所以跟之前的狀況比較會較有意義。有些時候毛孩會出現掉毛的現象，狗狗跟貓貓春秋兩季換毛，所以在春天或秋天的時候掉毛的情況會比較嚴重，其他時間如果出現大量的掉毛，就需要特別注意了。有的掉毛是賀爾蒙分泌不正常（例如：甲狀腺素分泌不足），也有的是營養不均衡所造成，所以當有不正常掉毛的時候，建議大家一定要帶毛孩去醫院確定發生的原因。

飲水量

　　就像人一樣，當天氣比較炎熱，飲食口味比較重以及服用某些藥物（像是類固醇）的時候，毛孩會增加飲水量。如果環境與飲食沒有特別改變，卻發現毛孩飲水的習慣改變（變多或變少），都需要特別的注意，突然喝很多水有可能是糖尿病、腎臟病或者是賀爾蒙相關問題的症狀；突然水喝很少，也有可能是腎衰竭的症狀。平日要多觀察毛孩的飲水習慣與頻率，最好每次更換飲水的時候，觀察一下飲水量，是否與之前的變化差不多，不管是突然喝多，或者是突然喝少，都得特別注意。

飲食量

　　平常吃得很好突然不吃的毛孩，或者是平常不會一直乞食的毛孩突然一直來討吃，這種突然想吃很多或者不肯吃的情況都有可能是健康的問題。突然不吃飯的情況，建議找一些平常毛孩很愛吃的點心或者是食物來做測試，或者是更換飼料，因為就像人一樣，一樣的東西吃太久，有的毛孩也是會吃膩的。至於變得突然很愛吃的毛孩，應該要多觀察體態是否也在改變，糖尿病與甲狀腺素亢進的情況是吃得很多但是越來越瘦；而庫興

氏症（Cushing's syndrome）──腎上腺皮質功能亢進則是會飢餓感增加，而且會越來越胖，尤其是腹部特別的膨脹。

尿液

尿液觀察的重點有三個：第一個是尿液量，第二個是尿液的顏色（模樣），第三個是尿液的味道。習慣在室外排便排尿的狗狗比較不容易觀察，但是對於貓或者是室內排尿排便的狗狗來說，尿液的狀態是很重要的健康資訊。不管是用貓砂的貓，還是用尿墊的狗，都可以拿來觀察，比如說如果使用會結塊的貓砂，可以觀察一天有幾塊結塊、塊狀的大小；如果是使用尿墊的狗，則一樣是觀察有幾個尿尿區塊，每個區塊的大小。但是記得，每種尿墊或者是不同的貓砂，吸收與結塊的能力不同，所以當更換產品的時候不適合像這樣直接做比較。一般來說，我建議使用沒有香氣或者是淺色貓砂，尿墊最好是白色的，因為這樣觀察尿液的時候可以看得很清楚，尿尿裡面有沒有摻血？或者結晶？還有尿液的味道是不是與之前差不多，不管是尿尿的味道太重或者是太淡，都應該要小心確認原因，之前有一位貓飼主很驕傲自己的貓尿尿一點都不臭，殊不知不臭的原因是貓咪有先天性的腎多囊炎，尿液根本無法排出代謝廢物，沒多久就因為腎臟衰竭而離世了。所以千萬不要覺得尿尿很臭而不開心，正常的尿臭味（尤其是貓）其實才是健康的表現。

糞便

很多人對於糞便的標準並不是很清楚，誤把「便祕」的狀態設定成「健康糞便」，把健康糞便當成了「軟便」！健康的大便應該是很完整但是表面有點濕濕的而不是完全乾燥的，形狀很固定很容易撿起來，但是稍微會有點沾黏，很多人會以為會沾黏的大便就是軟便，而過多的擔心，其實是不需要的。就像人偶爾會吃壞肚子或者是大便不順一樣，如果發現毛孩的糞便狀態不理想，並不用太擔心，可以多觀察幾次再做反應，健康的毛

孩輕微的腸胃疾病是可以自己痊癒的。但是如果狀態持續或者是有越來越嚴重的狀態，就一定要去醫院讓專業的醫師診斷，千萬不要自己「想像」治療的方式，有些人常用的「治療」法並不合適毛孩，還有可能把狀況越弄越糟。

如果決定要去醫院了，有幾個小建議：

1. 錄影：任何行動相關的不正常表現建議當場都錄影記錄，像是咳嗽、癲癇、不正常的抖動或者是行為，因為常常在醫院毛孩一緊張問題就不見了，獸醫是沒有辦法用聽到的內容「想像」出疾病狀況的。

2. 拍照：糞便的狀態，尿液的狀態，嘔吐物的狀態，或者是給的食物的照片，這些可以用照片記錄的內容建議最好都記錄下來，像是在餵食的飼料包裝、點心的包裝等都可能是獸醫拿來診斷的資料，蒐集的越完全，可以找出問題的機會越大。

3. 帶上你的證據：到醫院除了把毛孩帶去以外，有的時候還需要帶一些「證物」來幫助獸醫判斷問題的狀況，比如說吃進肚子裡的玩具剩下來的屍體或者是誤食的植物，當獸醫直接看到實際物品的時候，會有更多的概念要怎麼處理。

4. 記錄：當懷疑疾病與飲食有關的時候，像是食物過敏、或者是有腸胃不適的狀況，盡可能地記錄症狀發生之前餵食過的飲食與生活狀態改變的部分，記錄的越詳細，找出問題的機會也越大。

5. 不要做任何醫療處理：很多人會在家裡幫自己的毛孩治病，我能體會這樣的心情，但是這樣的治療可能不但沒有幫助，還會把狀態搞得更複雜更嚴重。

　　就像人一樣，毛孩也有自己痊癒的能力，所以看到問題的時候，並不用太過度的反應。但是毛孩不會說話，無法準確地表達自己的不適，身為一個優秀的好飼主，我們一定要善用我們的「觀察力」，多觀察把症狀都蒐集給獸醫參考！

Dr. Tammie 小提醒：
毛孩每天吃一樣的食物，是不是很可憐？

在寫這本書的時候，我剛好接到一個韓國寵物網站的邀稿，問我說：「每天吃飼料的狗狗是不是就跟每天吃玉米穀片的人一樣？」

因為這不是科學研究，所以絕對沒有正確答案的，我在這裡野人獻曝地跟大家分享看法，大家也一起與我分享你們的看法！

我們會覺得每天吃一樣食物的毛孩很可憐，沒有辦法「享受」吃東西的快樂，但是其實幾十年前，食物沒有那麼充足的年代，我們的爺爺奶奶那一輩，很多人光「吃飽」就覺得很幸福。這跟野生的動物是一樣的，都在為自己的「下一餐」而煩惱，不是像我們一樣每天煩惱著該吃什麼，而是煩惱可不可以吃到食物，能不能吃飽……

現在的我們太幸福了，食物不再只是為了溫飽，還多了「享受」的成分在，然後因為毛孩是我們最親近的寶貝，所以我們產生了移情作用，覺得他們如果每天吃一樣的食物很可憐，應該跟我們一樣每天吃新鮮貨！

觀察我們家中三隻狗狗，有兩隻即使乾飼料撒上中藥配上一些水，他們還是狼吞虎嚥得像是吃滿漢全席一樣，而其中一隻總是要等待確定沒有其他選擇的情況下，才願意吃自己的飼料。如果比較他們的「幸福感」，我會覺得那兩隻把飼料吃成滿漢全席的狗狗更為幸福，而總是要等待的狗狗（是被之前飼主拋棄在醫院的布布），我總是想是不是他在之前已經習慣了很多食物選擇的生活，所以變得比較挑食。

飼料的口感與玉米穀片類似，但是裡面的材料可能不比人吃的東西

差，在營養成分上甚至比我們的食物更均衡。我自己的工作太過忙碌，自己的飲食都常常需要「外求」的情況下，並沒有足夠的時間計算營養素料理鮮食給我的毛寶貝，所以不得已我選擇了我信任的飼料（飼料的品牌這邊我就暫不公開，請見諒），但是我把準備飲食的時間陪他們玩，散步，或者是摸摸拍拍，讓他們快樂。

有時間也有能力料理出營養均衡的生食或者是鮮食，在兼具美味與健康的情況下是最完美的，但是沒有這樣時間或能力的飼主（就像我），用我們的知識幫毛孩選擇合適的飼料，讓飼料代替我們照顧好寶貝們的健康，也是可以的。但是不要忘了，不管是吃鮮食還是飼料，都記得放下手機，陪陪他們！再好吃的食物應該也比不上我們的陪伴，至少我是這麼認為的！

處方飼料的迷思

案例 009

健康的狗狗可以吃處方飼料嗎？

　　小如有兩隻狗，一隻已經十二歲了，而另一隻只有四歲。當初是因為老大老了，小如怕自己太愛老大，哪一天老大老了要走了，小如怕她自己到時候會承受不了，加上很多人都說找一隻小狗陪老狗，老狗會比較有活力，可以活更久，所以小如在四年前又帶了一隻小狗回家。

　　但是最近老大在健康檢查的時候發現是腎臟病初期，所以開始吃腎臟病的處方飼料。老二在一歲之後都是跟老大一起吃飯，兩隻狗一起吃的時候總是吃得特別香，吃得特別好，可是現在他們開始吃不同的飼料，老大吃處方飼料，老二吃一般飼料，問題就來了，他們常常一直看對方的食物，結果不用吃處方飼料的老二反而吃了很多的處方飼料，而應該吃處方飼料的老大，卻幾乎只吃老二的一般飼料。

　　小如一方面擔心老大沒吃到處方飼料，腎臟的狀態變得更差，又擔心健康的老二常常吃處方飼料會不會吃出問題，所以跑來問我到底該怎麼辦才好？

　　這不只是小如的問題，很多飼主都有一樣的問題，如果我們從更根本問起，處方飼料是什麼？那就會知道處方飼料雖然有「處方」之名，其實就是食物，所以除了少數營養不均衡的處方飼料以外，大部分的處方飼料

都是可以當一般食物來使用，所以上面飼主的擔心是多餘的，我反而比較擔心那隻有腎臟病該吃腎臟處方飼料的狗狗，吃了一般狗的飼料，就達不到處方飼料幫助管理疾病以及延長壽命的效果了！

如果是我，我會確定現在使用的處方飼料適不適合長期食用，有的腎臟處方飼料是有足夠基本的營養需求的，這時候兩隻一起餵食腎臟病處方飼料，除了貴一點之外，並沒有什麼缺點，而且還有可能幫助沒生病的那隻狗狗預防腎臟病。會造成腎臟病的原因，除了先天有基因的缺陷之外，有一部分是因為不當的飲食，兩隻狗狗長期都是吃一樣的飲食情況下，健康檢查上「看似健康的狗」有機會可能已經不是想像的那麼健康，或多或少腎臟可能處在高負擔的情況，用腎臟病處方飼料來預防腎臟的退化，也不失為一個好方法！

Ch9-1
常見的處方飼料誤解

在飼料公司工作的時候發現，很多飼主對於「處方飼料」有很多的誤解，其中一個就是「處方飼料是生病的時候吃的，健康動物不能吃，也不能長期食用」。

讓我們一起來思考一下，我們生病時候吃的飯跟沒生病時候吃的飯有什麼不一樣？在我們沒生病的時候能不能吃生病時吃的飯？

在人的醫院裡面吃的飯都是經過臨床營養師計算，除了符合基本營養需求以外，還針對病人病情的管理進行營養素與食材的調整，雖然大家都覺得很難吃，可是那才是對病人「最健康」的吃法。臨床營養師會按照病情，選擇食材與營養素的含量，但是最基本的身體需求每個人都是一樣的！即使是病人吃的飲食，還是不會跳脫出我們最基本的營養需求，所以健康的人吃了當然也不會不健康，只是可能覺得口味太平淡了一點。

基本的飲食目標是為了提供「維持生命的營養成分」，好的飲食能提供充足又不過多的營養素，讓身體可以維持正常健康地運作；不好的飲食或者說不適合長時間食用的飲食，可能是缺乏某些營養素，使得身體無法維持正常的機能，我們稱之為「營養缺乏」；也可能是某些成分過量了，引起身體不正常的新陳代謝，進而產生了不好的反應，我們稱之為「營養

過剩」。不論是營養缺乏或者是營養過剩都會對身體造成不良的影響，大部分沒有經過計算的飲食多多少少會有一些營養素過剩，同時也有些營養素缺乏，怎麼樣做到所有的營養素都不缺乏也不過剩，就是營養專業一輩子的功課，理當也是飼料公司的目標。

在「營養學」前面添加「臨床」二字，變成「臨床營養學」的時候，我們研究的目標從健康的人（動物）身上轉變成「不同的生病狀況」的人（動物）。當生病的時候，會需要什麼樣特別的營養素規則，讓生病的身體可以快速的恢復正常；當疾病不可逆的時候，什麼樣的飲食可以延遲疾病的發展，延長病患的壽命。舉例而言，對於腎臟病的病患，蛋白質會增加腎臟的代謝負荷，所以我們必須要減少食物中蛋白質的含量，但是蛋白質是必需營養素，如果沒有每天吃足夠的基本必需量，身體反而會需要分解身上的肌肉來提供身體每天所需要的蛋白質，結果在分解肌肉的過程當中，除了讓病患更虛弱之外，還會造成腎臟更大的負擔，所以對於腎臟病患來說，如何吃足夠蛋白質，又如何不要吃不夠，變成格外的重要。

基本上我們每天維持健康所需的基本營養素是固定的，只是在生病的時候臨床營養師會按照身體的特殊狀況，進行一些飲食上的調整。有的時候是「物理性質的改變」，像是有消化器官疾病的時候，除了要把握基本需要的營養素都要有之外，還得加強吸收率，所以我們會把飯煮成很綿密不用過度咀嚼就容易消化的「粥狀食品」，這樣的米由於「表面積」增加，消化器官不需要太努力就能把米的營養吸收；同時，我們也會改變「化學性質」，比如說拉肚子會增加水溶性營養素的排出，為了避免水溶性維生素的不足，會在飲食裡面增加水溶性維生素的含量（不論是用食材或者是

營養補充品），總而言之，就是盡可能地避免消化與吸收不良的問題引起營養素缺乏的狀況。

如果有糖尿病的情況，營養師會建議要減少碳水化合物的攝取，因為可以提供熱量的三個營養素：蛋白質、脂肪、碳水化合物。碳水化合物分解後直接就會變成「葡萄糖」，也就是說只要吃太多「碳水化合物」，血糖增加的速度很快，對於有血糖調控不良的糖尿病患者來說，血糖急速增加是很危險的，所以營養師會建議減少碳水化合物（特別是小分子的糖類攝取），但是有一種碳水化合物——「纖維素」，不只不會增加血糖，反而會減緩營養素吸收的速度，進而減緩血糖上升的速度，幫助糖尿病患者調控血糖，所以營養師會建議糖尿病患增加纖維素，像是青菜與低甜度的水果的攝取，減少碳水化合物在飲食中的含量，做到用「飲食」調節血糖。

一般來說，年輕健康的身體，可以接受營養素過量與不足的能力較強。不足的時候，身體會嘗試用自身儲存的營養素來彌補；過量的時候，也會動員身體機能（特別是肝膽腎），代謝排出體外。但是當身體生病了，可以動員的代償機制會急速減少，簡單地說，當生病的時候，就是身體某部分的機制壞掉了，為了維持生存，身體會先以補救壞掉的地方為優先，結果身體會將能量與營養都集中用到生病的地方，結果就更沒有足夠剩餘的能量與營養素去支撐其他還沒生病的地方。當肝臟、膽囊、腎臟這種幫忙把過量成分排泄出體外的器官生病時，把過量成分排出體外的能力會急速下降，這時候如果我們不用飲食來調控減少過量成分的攝取，最後這些成分在身體必然會造成毒性，也會讓這些「排泄」器官的壓力過大，狀況變得更差。

Ch9-2
處方飼料的製作方法

　　優良的處方飼料在研發的時候，基本上「必需營養素」是一定會盡量保持充足也不過量，然後針對特殊疾病再做改進。比如說，腎臟病患者會加強蛋白質的品質，以最少的量提供充足的必需胺基酸，同時減少總蛋白質、鹽分與磷的含量，進而減少腎臟的負荷。也會增添一些營養素像是Omega-3，因為腎臟病的情況下，腎臟會處於發炎的狀態，Omega-3 有幫助消炎的作用，可以減少腎臟慢性發炎的情況，預防腎臟病變得更嚴重。因為腎臟病患者還會有排尿增加的症狀，造成水溶性維生素有可能隨著尿液排泄增加，進而增加了水溶性維生素排出體外的機會，為了避免腎臟病患缺乏水溶性維生素，在腎臟病患的食物當中，會刻意添加水溶性維生素等。毛孩的處方飼料的設計，都是像人的臨床營養學一樣，透過長時間的研究後充分了解病患需求，除了利用「食材」調整的方式之外，還有許多食品營養的專業技術。比如說，在不影響其他營養素的情況下，減少食物中磷的含量。（詳細內容可以參考Ch7：當貓咪有腎臟病時：關於低磷飲食P.107）

　　處方飼料中為了「特別疾病」而改變的部分，並不會影響身體基本的需求與代謝，所以應該也符合了健康毛孩的基本營養需求，除了處方飼料因為製作過程比較艱辛，所以價格比較昂貴之外，基本上吃了對健康不應該有什麼害處。尤其很多處方飼料是為了預防或者是延緩惡化，需要長期食用才會有效，所以在製作的時候都會特別製作成可以長期食用的。像是

腎臟病的處方飼料，由於腎臟病是不可逆的，一旦發生後，最多只能「維持」腎臟的狀態不再惡化，是沒有辦法「治癒」的。所以一旦發現有腎臟病的時候，需要長期食用處方飼料，為此有的飼料公司不只會找一群有腎臟病的病患來研究自己的處方飼料是不是可以幫忙增加壽命，還會找健康的毛孩做長期食用的安全性測試（例如：AAFCO feeding tests），這樣的處方飼料拿給健康的毛孩吃，可能比沒有做過安全測試的飼料還來得安全。

但是，也有一些特別的處方飼料是不能長期食用的！像是「溶解結石」的處方飼料，為了可以溶解結石，飼料內添加了一些介於「藥物」與「營養素」中間的成分幫助調節尿液的酸鹼值，如果長期食用，可能會破壞身體的正常平衡，所以吃到結石都溶解了，就應該在獸醫的建議下更換成其他飼料。

如果毛孩現在就有在使用處方飼料，或者是以後有需要使用處方飼料的時候，記得要向獸醫師確認清楚，使用的處方飼料能不能長期食用？不能長期食用的話，最多可以吃多久？

Ch9-3

<u>生病一定要吃處方飼料嗎？</u>

　　這個問題也是我常常在營養諮詢中遇到的，答案是「不是」！因為沒有一個人能決定我們「要吃什麼」！思考一下，「人」生病的時候，醫師與營養師是如何幫助我們的？

　　在醫療院所裡面，一般的流程是這樣的：

　　醫師會先按照檢查的結果告知病人身體的問題進行治療，住院的時候，臨床營養師會針對這位病患的需求提供餐飲，但是是不是很多病人都嫌醫院飲食太難吃，身體不舒服住院已經很可憐了，怎麼還可以吃那麼差？身旁的家人一定是很心疼的去買病患喜歡吃的東西帶回來給病人。

　　如果不需要住院，但是需要飲食管理的病患，醫師會建議病人掛號營養師門診進行營養諮詢。題外話，雖然大家都覺得醫師對於疾病最為了解，但是不論人醫或獸醫，在正規的教育中營養學的內容是非常不足，所以營養資訊還是向專業的營養師諮詢比較好喔！營養師會按照醫師的診斷結果以及原來病患的飲食習慣，進行飲食習慣的改善與推薦。比如說，結石患者或者是腎臟病患需要少吃食鹽，除了告知病患不適合食用的飲食之外，營養師可能還會建議用食醋代替部分食鹽，添加食物的風味，希望不會因為食物太清淡，讓原來胃口已經不好的病患者更加地食不下嚥。

　　但是，回家之後決定「怎麼吃」的人還是「自己」，就像醫師不能強迫病人吃藥一般，營養師也不能強迫病患要怎麼飲食，營養師最多只能把「最好的飲食方式」建議給病患，這跟獸醫的情況是一樣的！

　　處方飲食是為了特殊疾病所製造，獸醫知道裡面的成分可以幫助預防惡化或者是控制特定疾病，所以才會推薦給飼主，但是要不要給毛孩吃，最後的決定權當然還是在飼主！如果飼主不願意購買，我想沒有任何人能說什麼。

　　尤其在飼料公司工作期間，曾經遇到飼主打公司的客服電話抱怨吃完飼料後狀況變糟或者是體重有顯著的改變，詳細地了解狀況後，發現不乏有獸醫營養知識不夠，所以推薦的處方飼料並不是那麼合適，或者是食用量的計算不是那麼地正確，造成病患吃錯飼料或者是吃錯份量的情形。在這裡呼籲一下，身為「照顧毛孩」的獸醫，除了對醫術要不斷地精進之外，真的應該要多多充實我們的營養知識，如果有任何不了解的情況，寧可不要亂給處方，食物吃錯真的是會有問題的，只是我們不會有機會看到他們的問題，因為飼主會對我們失去信心而不願意再回來。

　　為了寶貝好，我也建議飼主們多學習一些基本的營養知識，其實這不全是為了毛孩，很多的營養知識在我們的生活上也能運用。有了基本的營養知識後，不論是專家的言論或者是網路上的貼文、甚至是營養相關新聞，我們都會有基本的辨別能力，可以不再人云亦云，這也是我當初會在韓國出版《寵物營養學》這本書的初衷，希望幫助飼主們建立起基本的營養能力。

　　我相信會讀到這段的飼主都是跟我一樣是很愛自己寶貝的人，一個正確的飲食可以幫助我們的毛孩變得比較健康，減緩他們的不適，或者是延長他們的壽命，這樣的飲食你想不想要使用呢？處方飼料的使用權真的在我們自己，要不要餵食，不需要看獸醫的眼色的。我也很希望你能花時間研究寶貝的需求，做給他們吃，但是記得，每一種營養素都得考慮清楚，千萬不能顧此失彼，反而適得其反，辛苦做了又沒有幫助。

為什麼處方飼料那麼貴？
是不是飼料公司跟獸醫要賺錢？

　　在飼料公司上班的時候也常常被飼主問到：「為什麼明明處方飼料的成分看起來很普通卻那麼貴？」

　　當初我總是笑笑帶過，因為我也不是很清楚到底是為什麼，可是自從自己承接了爸爸的新創公司，開始了解從製造到銷售後，我終於知道這個問題的答案了。如果要充分地深入探討這個問題，必須從「公司經營」開始說起。一個成功的產品，除了有好的策略進行行銷之外，其實還有很多消費者看不到的背後英雄，其中很重要的一部分就是「研發」！好的處方飼料（不可否認有好的飼料就代表也有不好的飼料，這需要大家用智慧去判別）除了像一般飼料要確定各種營養素都要符合健康的範圍之外，還要研究特別的營養組合是否對疾病有真正的幫助，在修正特殊的營養組合下，考慮這樣特殊比例的飼料是否夠美味，這些努力在包裝的成分裡面，我們是看不到的，成分甚至可能比一般飼料更單純，但是真正困難的是裡面的研發與實際製作。

　　之前當臨床營養獸醫師的時候，我最常遇到需要製作鮮食的狀況為「腎臟病併發胰臟炎」的病患，因為腎臟病已經胃口不好了，加上胰臟炎胃口就更不好了，腎臟病不能吃太多蛋白質與鹽分，胰臟炎不能吃太多油脂，結果毛孩最喜歡的三大營養素「蛋白質、脂肪、鹽分」，全都不能加太多，加上因為生病會胃口不好，可是腎臟病又不能不吃，因為不吃足夠的營養素，會使腎臟的狀況更加惡化，在處理這樣病患飲食的時候，真的是讓我好煩惱也好頭大。在這邊奉勸各位飼主，腎臟病跟平日吃太多蛋白質有關，胰臟炎與吃太油太多調味的人類飲食有關，愛他就不要害他，據我不負責任觀察，這些腎臟病併發胰臟炎的病患大多都是長期吃太好所造成，本來就已經吃慣人類高度刺激性的飲食，到了生病真的是很難處理，獸醫師遇到這樣的病患也真的是很為難。為了我們最愛的寶貝，拜託大家千萬不要再隨便餵食人類吃的食物！我替毛孩們還有獸醫們感謝您！

　　在幫胃口不好的病患們計算營養準備鮮食的時候發現，一般來說要達到對健康維護有幫助的營養成分比例，味道通常都不會太好，像是之前說到腎臟病患要限制蛋白質與鹽分的含量，最後可以變化的口味非常有限，如何讓原本已經胃口不佳的腎臟病患者賞光，一直是我個人覺得最難解決的問題之一。在人類的研究中發現，有的腎臟病病患會覺得吃什麼都「苦苦」的，所以吃什麼都覺得很難吃，我相信這樣的情況很可能在毛孩身上也會發生，但是他們沒辦法跟我們說他們覺得味道怪怪的，唯一能表現的方式就是不吃，這讓努力準備飲食的獸醫、獸醫助理、還有飼主們情何以堪啊！

　　所以有的飼料公司會針對「特別疾病」的毛孩做口味的研究，生病時

胃口本來就不好，再加上各種食材與營養素的限制，如何針對病患的口味調整食材與添加合適的辛香料刺激食慾，變成了研發的主題。但是這些研究與開發都是需要金錢的，首先需要收集足夠的病患來進行飲食喜好度辨識，然後再針對喜好度高的材料與味道經過仔細地營養素計算進行製作，製作完還要不斷地重複確認是否完成品也美味好吃，所以即使處方飼料使用的食材與一般飼料相似，但是研發的過程當中處方飼料的成本比一般的飼料來得高。加上公司需要盈利才能存活，成本增加加上處方飼料比一般飼料使用者較少，當製造量越小，成品單價就會越高，最後處方飼料只好增加產品的價格來維持收入的平衡。

身為一個新創公司的老闆，我真心地認為如果大家一昧追求單純的「低價」，那就沒有公司能研發更好的產品，不得不說這情況在台灣顯得特別嚴重，如果持續下去，以後我們只可以買到很便宜但是品質沒有保障的商品，我想大部分的人應該都不會樂見這樣的情況發生。

但是，我還是要強調，選擇讓毛孩吃什麼，要不要選擇比較昂貴的飼料，決定權還是在飼主，而且貴絕對不等於好，有時候貴只是一個行銷策略，讓人覺得自己買的東西「超高級」，搞不好裡面盡是些別人不要的爛食材，但是這部分只能靠大家的智慧來評判了！

處方飼料真的要處方？

很多飼主不能理解，處方飼料不就是「飯」嗎？為什麼一定要在醫院裡才能買？

　　除了跟人類的專業營養配方大部分也是在醫院跟藥局販賣一樣，有「販賣通路」的問題以外，其實還有一個非常重要的理由──讓專家幫忙選擇正確的飲食。

　　舉個例子來講，腎臟病的患者有的時候缺鉀，有的時候鉀過多，這跟腎臟病的狀態以及食物攝取量有關，所以獸醫會針對血檢的結果推薦適合的飼料以及營養補充食品，幫助病患維持正常的身體運作，一般飼主沒有足夠的知識與能力去分辨，所以需要專業人士來幫忙。

　　更嚴重的情況是有可能會吃錯飼料，最後不但沒有幫助，反而會讓狀況更嚴重。舉一個在臨床很常見的例子來說：一樣是「膀胱結石」，可是膀胱結石的種類有很多種，不同種類的結石，造成的原因不同，需要使用的治療與處方飼料也會有所不同，有的結石是在酸性（像是草酸鈣）下容易產生，有的是鹼性（像是鳥糞石）下容易出現，獸醫必須先確認結石的種類，針對現在病患有的結石做出處方。比如說鳥糞石結石可以經過正確的治療加上「促使尿液變酸的處方飼料」就有機會可以溶解，因為鳥糞石結石在鹼性尿液中會形成結石，但是在酸性尿液中會被溶解，也就是說鳥糞石結石可能根本不需要開刀就可以治好，但是如果不小心吃成了為了預防草酸鈣而設計的「促使尿液變鹼性的處方飼料」，結果反而會讓結石越來越大，越來越嚴重。所以千萬不要聽到是膀胱結石就直接去買結石處方飼料，讓獸醫做出專業的評估後再購買，這樣才不會「愛他卻害了他」，得不償失。

　　還有餵食量的計算也是非常重要的。比如說有飼主以為買了「減肥飼

料」毛孩就一定可以減肥成功，這其實是個天大的誤會。讓我們用自身來想像一下，比如說我們買了必需營養素都包含的「代餐」來減肥的時候，代餐的熱量比一般飲食少，但是如果吃太多包還是可能會越吃越胖的。更清楚地來說，假設一包代餐熱量是 500 卡，對於一天卡路里消耗量為 1,800 卡的人來說，一天吃三包可以提供 1,500 卡，比一天所需要的熱量 1,800 卡少了 300 卡，所以一天可以減少 300 卡的能量的攝取，持之以恆當然會慢慢變瘦。但是，如果忍不住飢餓，一天吃了四包的代餐，那最終卡路里總攝取量會變成 2,000 卡，比一天需要的卡路里 1,800 卡還多 200 卡，那即使吃的是代餐，還是會越吃越胖的。減肥飼料跟代餐是一樣的道理，提供完整基礎營養素的同時，減少熱量以及增加飽足感，但是如果沒有計劃地隨意餵食，最後還是有可能不但看不到效果，還會越吃越胖。

以前在飼料公司工作的時候，還真的有遇到一些因為不良使用飼料造成病患狀態變差的案例，尤其是糖尿病病患這樣的情況最是常見。有的糖尿病患除了需要使用糖尿病的處分飼料來幫忙管理血糖之外，還得配合上定時定量的胰島素注射，對於這樣的病患，食物的選擇、餵食量以及胰島素的使用量，需要經過嚴格的分析與計算，只有在獸醫的幫助下，持續觀察血糖的變化後才能訂立出安全又健康的做法，因為不只是胰島素的種類與注射量需要注意，連飼料的種類與餵食量都是要相互配合的。一旦獸醫找到了食物、胰島素與血糖的平衡之後，為了確保血糖能維持在安全範圍之內，不能太低也不能太高，會建議飼主每日都按照獸醫指定的流程進行注射與餵食，除非有不得已的情況，不要隨意更改。

曾經有一個狗狗飼主讓我格外地印象深刻，剛開始飼主在醫師的指示

下嚴格地開始餵食糖尿病的處方飼料，也定時注射胰島素，那段期間狗狗血糖控制得很好，也沒有特別的症狀。沒多久，飼主覺得處方飼料昂貴，所以自行將糖尿病處方飼料改成了一般飼料，有一天狗狗突然失去意識被送到醫院，仔細詢問才知道她私自更換了飼料，在沒有互相搭配測試，也沒有計算過新飼料的餵食量與胰島素注射量的情況下，突然的低血糖造成昏厥，進一步檢查發現，雖然送醫的時候是因為低血糖造成昏厥，但是血液檢查結果顯示狗狗長期的高血糖引起了腎臟功能損傷，已經是末期腎衰竭的狀況。明明糖尿病利用正確的管理方式可以多活好久，但是卻在主人一個錯誤的選擇下，狗狗沒多久就走了，不得不讓人感到唏噓。

　　在糖尿病飼料選擇、份量與餵食時間以及胰島素的注射量以及注射時間，都是「有意義的」！一般情況下獸醫會先選擇合適的處方飼料，然後按照病患每日所需要卡路里計算出餵食量後，配合上飼主可以餵食的時間，進行血糖的調控，基本上會是以十二小時餵食一次的方式，然後按照病患血糖調控狀態，選擇合適的胰島素，有的胰島素的效用長，但是開始的效果慢，有的胰島素的效果快，但是效用短。人的情況，有可能會注射不同的胰島素進行更精準地血糖管理，但是因為毛孩可以固定地吃一樣種類一樣份量的飼料，所以血糖管理起來比人類容易許多，一旦找出一個可以控制血糖在穩定範圍內的「狀態」，就盡量維持，不要輕易地隨意更改變動，定期回診，確保毛孩的體重、身體狀態，以及血糖的狀態有沒有改變。可能大家的身邊有太多人有糖尿病，所以我們會覺得有糖尿病很平凡好像沒有那麼地嚴重，可是血糖控制不好的情況有可能是很危險的，尤其毛孩又不會「說話」，可能他們已經感覺到不舒服，但是如果主人沒有仔細地觀察，很容易就錯過了治療的好時機，身為一個優秀的飼主，千萬不能掉以

輕心，要仔細觀察毛孩給我們的任何訊息。

　　依照過去的經驗，我認為有疾病的情況下，一定要把握與專業人士諮詢的機會，不管是人生病跟營養師諮詢，或者是毛孩生病跟獸醫與有經驗的獸醫助理諮詢，讓專家幫我們做出正確的飼料選擇，這樣會更安全，也多一層保障。

Ch9-4

處方食物是不是很難吃？
為何毛孩都不吃？

　　我還記得爸爸之前生病住院的時候，每次看到醫院送來的飯，他都不是很願意吃，本來生病胃口就不是很好，醫院的飯又是營養師們針對病患狀態給的「最健康的料理」，並沒有考慮到食物是否美味可口，結果爸爸總是食不下嚥，最後乾脆我們就不訂醫院的餐飲了，我會另外幫他買我認為他可以吃的食物。我沒問過他，他覺不覺得自己運氣很好，有一個愛好美食的營養專業女兒在旁邊幫他張羅美食。我想有住過院的朋友或者是到醫院去當過看護的朋友，都知道醫院的餐點基本上只有注重病患所需的營養，很少會注意到美不美味的，在醫師或者是營養師的角度來說，生病的人／動物是沒有「談美味的資格」，說實話，以前的我也是這樣覺得的，不過自從我看到我爸的情況，我突然開始覺得這樣說可能太殘忍了。

　　但是每次在跟腎臟病病患的飼主進行營養諮詢的時候，當飼主意識到狗狗最愛的零食（大多都是肉乾）就是造成狗狗生病的原因，而且以後都不能再吃時，飼主臉上露出傷心又後悔的表情，我總是想會不會一輩子可以吃的美味是固定的，之前吃太多，生病後就不能吃了？如果真的是這樣，又如果飼主有機會可以再來一次，那他們會不會之前少給一點，把快樂的時間再拉長一些呢？

　　生病的情況下，大部分的動物就跟人一樣都會胃口不好，加上營養成分的特別限制，美味不得不打折。在人類的研究當中，腎臟病患味覺會有明顯的改變，容易覺得酸或苦，我想毛孩如果可以告訴我們他們的感受，他們可能也會有類似的感覺吧？在臨床上可以發現，腎臟病的毛孩胃口特別的不好，但是腎臟病的病患如果沒有吃入充足的蛋白質來維持身體基本的代謝，那身體就會分解身上的肌肉來提供維持身體基本代謝所需的胺基酸，這樣的情況會讓腎臟病更加的嚴重，所以如何讓腎臟病病患可以乖乖地吃飯，一直是獸醫們艱難的課業。人可以被「勸」食的，但是毛孩可勸不了，所以毛孩的處方飼料比病「人」的飲食挑戰更大了。

　　處方飼料除了營養成分上的限制造成比較沒那麼可口的問題之外，又加上了病患胃口不好的問題，所以會讓我們更加地覺得處方飼料「很不好吃」，為了解決這個問題，我想飼料公司應該也是絞盡了腦汁，畢竟沒有公司會立志做出一個只健康不好吃的食物吧。

　　我一直在想對病患來說怎麼樣比較好？是可以改善或者是維持健康的營養比例，還是好吃？如果好吃跟健康是魚與熊掌只能擇一的話，我想我會選擇可以幫助延長壽命的營養比例，尤其如果花了錢買了昂貴的處方飼料，如果對疾病沒有任何幫助，那真的是傷了錢包又傷了心。但是在年紀已經很大，疾病已經很末期的時候，我就會二話不說地選擇「好吃」，因為快樂永遠最大，不需要再為了延長幾天的壽命，跟毛孩過不去，這是我的選擇，不知道你會怎麼選擇呢？

　　我想大部分的讀者一定跟我一樣愛我們的毛寶貝，也同意生病的時候

應該要選擇健康的食物大於好吃的食物，但是就是有打死也不吃的毛孩，不只讓飼主很傷心，也讓獸醫很煩惱，這時候不得不建議使用「灌食」的方式（如果自己做不到就交給專業的獸醫助理來代勞吧）。灌食可以幫助病情較快進入穩定的狀態，等情況穩定之後，毛孩的胃口自然就會變得好一些。還有，在健康的時候不要仗著毛孩年輕健康，老是大魚大肉，不正確的飲食習慣不只把口味給慣壞了，還有可能會「養出」疾病的！

如果一輩子的大魚大肉是固定的，千萬別趕著吃完。偶爾一次的大餐，讓毛孩可以留在我們身邊久一點，好吃的東西慢慢地吃完一定是更幸福的！趁著還沒有生病之前，建立毛孩正確的飲食習慣，千萬不要對抗不了他們眼中的苦苦哀求而害了他們，趁還沒有太遲，把正確的飲食習慣訂立下來吧！

現今的飼料公司也開始意識到疾病當中病患口味會改變的現象，在研發處方飼料的時候還會特別找來病患做研究，知道生病後的味覺以及喜好分析後，再針對特定的病患改善適口度（美味的程度）。不過這樣的研究都還在初期階段，相信需要更多的人以及更多的金錢投入參與才會有更好的結果出來，真心期待會有更多人願意投入毛孩的臨床營養研究。

Dr. Tammie 小提醒：
腎臟病患即使血檢變好，也請維持腎病處方飼料

　　一旦診斷發現有腎臟病，最好持續以「腎臟病」專用飲食管理。有一些飼主對於處方飼料有些誤解，經過前面的解釋與說明，我想大家應該會對處方飼料有一些新的想法，雖然有的飼料不能長期食用，等疾病狀態結束，痊癒之後就要換成別種飼料，但是腎臟病的病患並不在此列，因為腎臟衰竭是不可逆的，也就是說即使看起來「血液檢查」數值變好，腎臟已經壞掉的部分還是壞掉了，血液檢查上數字變正常的原因是因為正確的飼料選擇讓「總蛋白質攝取量減少」，所以身體代謝出來的含氮廢物減少，加上治療（像是點滴）的效果，所以才會在血檢上看起來好像是「正常」了！但是大部分腎臟壞掉的事實並沒有改變，也就是說如果在明明腎臟還是大部分壞掉的情況下，又開始吃一般蛋白質含量較高的飲食，身體要排除的含氮廢物增加，可是壞掉的腎臟還是沒辦法處理，最後不只是血液檢查結果會再度升高，還會讓已經壞得差不多的腎臟壞得更快，換句話說，我們的寶貝變得離死亡更靠近！

　　記得，發現腎臟病後的血液檢查看的是「管理狀態」而不是「腎臟狀態」，血液檢查正常代表「管理得很好」，並不代表腎臟病好了，當管理得好的時候，我們應該要「繼續加油」，用一樣好的管理方式繼續管理，繼續用已經在餵食的腎臟病專用飲食，這樣才可以幫忙腎臟病患延長壽命。

Dr. Tammie 小提醒：
去除淚痕飼料到底有沒有需要？

娜妍是兩隻白博美的媽咪，每個月都會準時到美容室報到，她喜歡把兩隻寶貝剪成小熊的模樣，但是她一直很煩惱掛在眼睛下面的兩道紅褐色的淚痕，她遇到我的時候，她拿出一個名單，都是在網路上號稱有減少淚痕功能的飼料，她說她都試過了，可是都沒有很明顯的效果，她想我推薦其他的產品讓她回家試試看。

遇到娜妍之前已經有非常多的獸醫跟飼主都問過我關於去除淚痕的飲食，我知道很多飼主對於狗狗臉上那兩道紅褐色的痕跡感到很感冒，特別是白色的狗狗，博美、馬爾濟斯、貴賓、西施都是常常中鏢的品種，很多飼主都在找可以去除淚痕的飲食或者是藥，希望把臉上的淚痕去除。

在找除去淚痕的方法之前，我們必須要先面對跟解決一些基本的問題：

1. 狗狗眼睛周圍的毛有沒有乾淨，是否有不長不短刺激到眼睛的雜毛？眼睛有刺激的時候，最常見的反應就是流眼淚，想像一下如果有毛一直扎著眼睛，眼淚當然會大量分泌，形成淚痕。

2. 眼睛／耳朵是否有任何疾患？很多眼疾是會造成眼淚分泌的，比如：角膜潰瘍、角膜炎、淚管阻塞等，所以把眼疾治好才是治本的方法，可以請獸醫做一下眼睛的檢查，把既有的眼疾治療好後，淚痕的問題可能就一同解決了。研究發現耳朵的疾病也有可能會刺激眼淚的分泌，所以有淚痕的狗狗也要確認耳朵的狀況！

3. 我們有沒有每天都幫狗狗擦擦臉擦擦眼睛周圍呢？就像人每天要洗臉

一樣，狗狗雖然不用每天洗澡，但是最好還是擦擦臉，正常的情況下即使沒有任何問題也會流眼淚的，而且可能他們在家等門等得太辛苦，孤單地哭了起來，也可能是先天淚腺特別發達，流淚的量比較大，這樣的狀況其實常常幫他們擦一擦，就可以幫忙預防淚痕了。

前面說到的三個重點都確認了之後，再來說說藥物與食物是如何幫助去除淚痕的，為了了解改善淚痕的原理，必須先了解淚痕是怎麼形成的？

紅褐色的淚痕，主要成分為紫質（Porphyrin）生成需要三個條件：眼淚、酵素與時間。

有眼淚才有淚痕，像是小狗在長牙時期可能因為牙齒的不適會引起眼淚分泌增加的情況，所以如果是長牙期間發生的淚痕，平時只要多擦擦，等長牙時期過去，淚痕常常會自動消失。但是有些特別品種的狗狗，因為眼睛特別凸出或者是有分泌很多眼淚的狀況（例如：西施、法鬥、吉娃娃等），那就必須特別注意清潔，像是有臉比較扁平（如鬥牛犬、巴哥犬），因為臉皮鬆弛會造成臉上的「皺褶」，這些在眼睛下面的皺褶必須每天清潔，要不然眼淚累積在皺褶中間，不只是淚痕的問題，還會引起皮膚病。

有紅褐色淚痕的狗狗大多是眼淚當中紫質的成分特別多，紫質原來是無色的，需要經過氧化而變成紅褐色，一種叫做秕糠馬拉癬菌（Pityrosporum Malassezia）的酵母菌會製造可以把紫質氧化變成紅褐色的酵素，當淚痕伴隨著「特別味道」出現時，很有可能就是這種酵母菌的感染，這樣的情況可以利用抗生素以及常常清潔眼部，維持乾燥與清潔就能改善。

前面有說到眼淚本身並沒有顏色，需要經過化學反應之後才會變成紅褐色，所以要形成淚痕也是需要「時間」的，如果眼淚一流出來馬上擦乾，酵素作用的時間不足是無法形成淚痕的。有的飼主會特別購買清潔眼

部周圍的清潔液，但是已經形成的淚痕其實再怎麼努力洗淨還是會留下痕跡，因為淚痕的形成跟「頭髮染色」是一樣的，清潔液雖然可以讓染色「褪色」可是無法完全「去除染色」。正確的使用清潔液是在「染色」生成之前而不是之後，所以我們要把握在「淚痕形成之前」的時間，如果紅褐色的淚痕已經生成了，那唯一可以去除的方式只能剃毛後等新毛再長出來。

　　一般去除淚痕的食用產品中最有效的成分就是「抗生素」！很多可以幫忙去除淚痕的藥中都會添加抗生素，利用殺死會讓透明眼淚變成紅色淚痕的酵母菌，但是長時間服用抗生素有可能會引起微生物的抗藥性，並不是很安全的方式。在 2014 年美國 FDA 就曾經警告三種去除淚痕的產品含有泰樂菌素（Tylosin Tartrate）的抗生素，對於貓有嚴重的副作用所以不適合使用於貓咪。狗狗在使用的時候也要注意是否有嘔吐、拉肚子等輕微症狀或者過敏性反應，而且長時間使用時有可能會影響肝功能，使用時要特別注意。

　　健康均衡的飲食加上充足的抗氧化劑可以幫助毛孩有足夠的免疫力抵抗酵母菌的生長，進而減少眼淚被氧化的作用，所以一個好的飼料／飲食是必須的，到現在為止研究出對毛孩眼睛好的營養成分是非常有限的，最有名的是維生素 A（β 胡蘿蔔素）與維生素 B 群，這些成分都是必需營養素，正常來說一包優良的飼料裡面應該是不用擔心會有不足的問題。

　　然而有些飼料強調有「減少淚液」或者「消除淚痕」的功能，據我所知，這些飼料最初不是為了改善淚痕而特別製作的，因為還沒有足夠完整的科學證據顯示改變營養素可以減少正常的淚液分泌。雖然網路上有很多吃太鹹會增加淚液分泌的說法，但是還沒有通過科學證據佐證過，還屬於經驗之談，當然，高鹽飼料絕對不健康，建議大家還是盡量選擇安全範圍的低鹽飼料。現在市面上打著「改善淚痕」的飼料大都是在餵食的時候出

現有減少眼淚分泌與減緩淚痕的案例出現，所以才把「改善淚痕」當成主打功能，但是到底對淚痕有沒有效，沒有實驗確認，也不知道作用機制，難免讓人有顧慮。

　　身為兩隻十歲以上狗狗的媽咪，真心地要跟大家說：「眼淚多比眼淚少來得好！」

　　狗狗年紀大了之後得到乾眼症機會很大（跟人也一樣），就像十四歲的皮皮從十歲開始有乾眼症的狀況，乾眼症本身只需要「每天點點眼藥」還不至於太痛苦，但是一個不注意乾眼症有可能引起其他的併發症，比如說角膜潰瘍、角膜炎等問題，沒有小心處理是有機會造成失明的。這時候就會覺得眼淚多或許是件老天送的禮物，雖然可能有美觀上的問題，如果對於健康沒有任何危害，也排除了疾病的可能，多多擦拭維持乾燥就是最好的處理方式。若餵食中的食物營養均衡，真的沒有特別理由需要改吃沒有足夠科學原理證據的「減少淚痕」飼料或健康補充劑，去刻意減少眼淚的分泌，毛孩能健康快樂地在我們身邊，有點淚痕又有什麼關係呢！至少我是這樣想的。

毛小孩很挑食該怎麼辦？

> 案例 010

除了肉乾，
我的毛孩什麼都不吃

　　小美是隻白博美，他的主人說小美很挑食，為了要讓他每天吃「飯」，都要卯足了全力去想辦法變換食物。他們家每天至少有四種不同的乾飼料，因為每次換新飼料的時候，小美會好好吃個幾天，可是也不知道是不是吃膩了，幾天過去小美又不肯吃了，所以只好多買幾種飼料輪著吃。然後他們家還有三種零食用罐頭，還有很多「可以增加美味」的產品，可以擠在飼料上面。小美主人說每次餵飯的時候，如果不加一些其他的成分在飼料上面，小美根本不可能會「賞光」，而且有時候即使把可以加的東西都加了小美還是不肯吃飯，最後小美主人只能拿出小美最喜歡的肉乾，讓他多少吃一點，不要餓到了……

　　這是不是你的故事呢？

　　太常有飼主跟我抱怨自己的毛小孩（尤其是小型犬）不愛吃飯，嚴重的時候，不只是飼料不吃，連飼主親自煮的飯都不賞臉。回答這個問題之前，我總是會先問飼主昨天毛孩的「菜單」，也就是昨天一整天毛小孩到底吃了「哪些東西」，常常說一說飼主就會發現自己給的食物「還真多啊」！

　　回答不吃飯怎麼辦之前，我們應該要先了解一下，我們的寶貝到底是「不吃」呢？還是「吃不下」？這兩種情況是差很多的，第一種「不吃」是什麼食物都不愛吃，連點心也興趣缺缺；第二種「吃不下」是愛吃各種點心可是就是不愛吃「正餐」。我們寶貝的情況到底是哪一種？

Ch10-1

注意！什麼都不吃，
可能是生病了

在健康狀況下什麼都不愛吃的情況相對起來比較少見，不過就像有些人對食物的熱情很小，吃東西只是為了活著，甚至希望有像藥丸一般的營養丸子，每天吞下去幾顆就可以滿足一天的需求繼續活著，所以應該也有不愛吃飯的毛孩！在西醫上可能不覺得這樣的問題需要或者是可以治療，但是在中醫的說法，這樣不喜歡飲食，胃口不好的情況其實也是一種健康的問題，需要針對胃口不好的原因進行對症的改善。像是我們家老大皮皮，小的時候就是不只是胃口不好，而且很容易拉肚子，甚至每個月都會發生一次的腸胃道出血，拉血便或吐血，當時把所有檢查都做了也找不到任何西醫上的問題，後來用中醫的方式診斷後經過半年的對症補脾，最後腸胃道的問題幾乎不再發生，而且每天吃飯的時候自己的吃完了還不夠，還要搶弟弟妹妹的！

一般不愛吃東西的情況，應該都是有生病的狀況所以什麼都不想吃，提醒飼主，如果平常很愛吃的毛孩突然不吃的時候，都是滿嚴重的問題，一定要馬上就醫找出問題所在，進行治療。

在營養諮詢的過程當中也發現有一種情況飼主會覺得毛孩很不愛吃飯！這種情形都是小型犬，因為小型犬體重輕，每天需要的熱量是很少的，

可能少到我們會覺得他們好像沒怎麼吃就吃不下了。千萬別用人類的「標準」來看毛孩吃飯的份量，成人的體重如果是 60 公斤，2 公斤的毛孩只有成人的三十分之一大，所以吃得少本來就很正常，是沒有任何問題的啦！

Ch10-2

大部分不吃飯毛孩的
問題是「吃不下」

　　進入這章的重點了，零食吃得超開心，但是不愛吃「正餐」的毛孩應該怎麼辦？聰明的飼主們知道答案了嗎？答案就是：不要在吃飯之前給零食！而且絕對不可以「不吃飯就給零食！」

　　有「毛孩不愛吃正餐」的飼主，請在下面的表格填寫，到現在為止往前推二十四小時之間，我們給了寶貝吃了一些什麼？記得標上「份量」與時間，如果家裡有人類小朋友不愛吃飯，也可以這樣做！

　　販售的食物或零食包裝上面通常會有熱量的標示，最好也一起標示上來，然後計算一下給的熱量。

餵食時間	食物名稱	成分熱量	份量	總卡路里	是否為主食？
範例： 6:00 AM	雞肉乾	46卡／10克	2份=20克	92卡	✕
範例： 8:00 AM	飼料	3700卡／公斤 =3.7卡／克	40克	148卡	○

這是一個很重要的步驟，有很多飼主會在這裡發現毛孩一整天吃的東西「真的很多」，尤其常常會有好幾種零食，每一種都感覺是「一點」，可是加起來的時候其實是「很多點」。用我們家皮皮來舉例，2.5 公斤十四歲結紮過的約克夏，一天所需熱量大約只有 200 卡，一條 10 克大小的雞肉乾熱量大約是 46 卡，也就是說皮皮只要吃個 4.3 條（43 克）就把一天所需要的熱量都吃完了。

當我們以為「只吃了一點點而已」的時候，對小型的毛孩來說已經是「太多」了！在營養諮詢的過程中常常會有「不喜歡吃飯（主食），只喜歡吃點心的毛孩」都有「點心」給太多的情況，不吃飯是因為他們已經「點心吃到飽」了，當然就不需要再吃「飯」啦！

這幾年食物風乾機很流行，飼主們會覺得自己把天然又安全的食材烘乾給毛孩吃一定最健康也最安全，這是沒有錯的，但是千萬不要忘記，再好的東西太多的情況其實都是「毒」，食物烘乾之後體積變小，會讓人「誤以為」真的給得很少，更容易會有過量的情況。如果皮皮真的只吃四根肉乾當作一天的飲食，即使使用的是有機農雞胸肉，還是不可能做到一整天只靠雞胸肉獲得均衡營養的。

Ch10-3
好吃的先決條件是「肚子餓」

　　韓國常說「肚子餓」就是最好的「小菜」！我想大家都有這樣的經驗，很餓的時候，吃什麼都很好吃，然而吃得飽飽一點也不餓的時候，再美味的料理也吃不太下了！即使號稱「有兩個胃的女士們」，剩下的那胃也只能拿來吃甜點，如果要再吃下一碗蛋炒飯，我想應該也做不到吧？

　　在營養諮詢的時候常常會遇到飼主跟我說：毛孩不肯吃飯好可憐，所以我只好給他吃點零食像是「肉乾」。我先來自首一下，我曾經也是這樣的飼主，因為愛他們就像養小孩一樣，真的很怕他們不吃飯會餓到，所以總是在他們不吃飯的時候，想辦法餵他們吃，所以往往會在他們不吃飯的時候，改給他們其他他們願意吃的食物。問題是這些「好吃的食物」通常都是比較不健康的東西，毛孩就像人的小朋友一樣，是不會有「判斷能力的」，重口味與高油脂高蛋白的食物，想都不用想一定覺得比較好吃，就像是讓小孩選要吃飯還是吃炸雞、披薩、冰淇淋、糖果，我想大部分的小孩都會選擇不要吃飯吧！

　　仔細想想，如果只要不吃飯就可以吃點心，那小孩還會吃飯嗎？我想越聰明的小孩應該越不會乖乖吃飯吧？因為只要裝得吃不下、不想吃飯，就可以吃好吃的點心，那誰都會裝得不想吃吧？當毛孩學習到「不吃飯就可以吃點心」的這個事情後，聰明的毛孩們當然就不會願意乖乖吃飯了，

他們會「假裝絕食」以示抗議，用以獲得「更好吃但是不營養不健康的美食」。也就是說，當我們擔心他們不吃正餐馬上換成點心的時候，其實我們就是在讓他們「學習不應該吃正餐」的習慣，久而久之，飲食的習慣搞壞了，身體也跟著搞壞了。

所以，一定要記得，如果寶貝（不管是人還是動物）不吃飯，首先要確認他們是不是生病了，如果確定沒有生病，那就代表「他們不夠餓」，不夠餓的時候是不需要強迫進食的，所以不應該「換更好吃的食物」來要求他們進食，應該要把食物收起來，讓他們知道「肚子不夠餓就不用吃」還有「不吃也不會有更好吃的食物」，這樣等他們真正餓的時候就會乖乖地把食物吃個精光！

由於身體一天能吃的熱量是有限的，所以絕對不要用「點心」餵飽我們的寶貝，點心是非營養均衡的飲食，不能超過一天熱量需求的 20％，最好能做到小於 10％，這樣營養素才比較不會有不足或過量的問題。

Dr. Tammie 小提醒：
毛孩一天到底要吃多少卡路里才夠？

通過計算，我們可以知道我們的寶貝一天「大概」需要多少的熱量，計算式如下：

DER（Daily Energy Requirements，日能量需求）=
70 X 體重（kg）$^{0.75}$ X 需求因子

如果覺得 0.75 次方計算起來太困難，毛孩的體重又落在 2 ～ 45 公斤之間，那就可以用另一個簡化的公式：

DER（Daily Energy Requirements，日能量需求）=
（30 x 體重（kg）+ 70）X 需求因子

這裡有兩個需要注意的事項：

第一點：這裡所謂的「體重」說的是「健康狀態下的體重」，也就是說如果有太瘦或者是太胖的情況，必須要回推健康的情況，也就是不胖也不瘦的時候身體的「體重」。很多需要「減肥」的毛孩，如果用「肥胖狀態下的體重」來計算，那一定會越吃越胖，所以有太胖或太瘦的情況，建議與醫師討論，看看標準的健康體重是多少，再來進行計算。

第二點：需求因子是按照年齡、健康的狀態、生活的環境以及運動量來衡量的，下面表格列舉了一些例子，因為是用評估的方式來衡量大概要用多少的需求因子，運動量大的要高一點，年紀大的要少一點等方式，所以並不是那麼的準確。所以不管計算出來每日的能量需求是多少，不能一股腦地一直用下去，要持續觀察毛孩體重的變化做出調整，正常的情況下健康的毛孩的體重不應該上下變動太多，在減肥的時候，應該要可以看到一個禮拜減少 0.5% 到 1% 的體重，如果完全沒有觀察到體重的下降，那代表還要再減少熱量的攝取。

毛小孩「需求因子」參考表

狀態 \ 需求因子	狗	貓
＜四個月大	3	2.5
五～十二個月大	2	2.5
健康無結紮	1.8	1.4
健康結紮後	1.6	1.2
有些許肥胖的狀態	1.4	1
肥胖	1	0.8

Dr. Tammie 小提醒：
讓毛孩吃正餐的 SOP

　　停止所有食物的供給，讓毛孩的腸胃休息一下，有機會「餓」才會懂得「餓」。等到毛孩「餓」到，他們來跟我們說：媽咪！把鼻！我肚子餓了！當毛孩表現出乞食的時候再給他們正餐，那應該會馬上吃光光才是。計算好毛孩所需要的食物量，在限時限量的情況下給予。在狗的情況，所謂限時就是「不吃」的時候就拿走，千萬不要不吃就放在那，必須要有時間限制，個人會建議十分鐘為單位，不吃的話十分鐘就拿走。

　　限量的意義在於避免過胖，所以不論貓或者狗，最好都計算好可以吃的份量，如果有「太瘦」的問題，那可以改成只限時不限量。再強調一次！不論胖瘦，限時都是必要的，絕對不可以讓食物一直在那，想吃就能吃得到的時候，會讓毛孩覺得沒什麼好珍惜的，反正隨時都有。

　　如果狗狗不肯馬上吃我們給的正餐，那十分鐘後就拿走！如果情況允許，過十分鐘可以再給一次機會。重點是「一定不可以心軟」！「一定不可以心軟」！「一定不可以心軟」！因為真的很重要，所以要說三次！在吃正餐之前給任何非正餐的食物，就等於在「教育」我們的寶貝：不吃正餐就可以吃點心唷！這樣是非常糟糕的，我們必須讓毛孩們知道，所有「零食」都是在「吃完飯」後才能吃的，如果不吃飯，那就沒有其他任何選擇，養成正確的習慣，終身受用。千萬不要擔心他們會餓肚子，因為不肯吃就代表「他們不夠餓」，為了他們的健康，我們必須教育他們也教育自己，在他們夠年輕的時候養成好習慣，別等到生病後那就後悔莫及了！

　　世界上真的沒有挑嘴的狗狗，只有心軟的主人！

　　為了毛孩的健康，為了讓他們多陪我們久一點，千萬別把「一時的幸福」（不健康的食品）當做你跟毛孩的唯一連結，放下手機，多陪他們玩玩吧！

PART **2** 毛孩食品安全概論

該不該給毛孩
吃保健食品呢？

　　2019 年《美國內科醫學年鑑》（*Annals of Internal Medicine*）發表了一篇撼動人類營養學的論文，簡單地說「沒有缺乏營養素的情況下，額外補充營養素不但對健康沒有幫助，反而有機會致癌」，所以我們不該再用「認為」的方式幫自己補充保健品，應該用更客觀的方式來評估與了解自己缺乏的營養進行補充，那毛孩呢？

　　市面上這麼多的毛孩保健食品，有的是必需營養素，有的是新的研究（絕大部分是從人類研究）出來的特有營養品，有的是中藥……這些保健食品大部分在人類都有研究，但是對於毛孩的研究並不是很充足。我相信這些營養保健品跟人類的結果會是一樣或者類似的，也就是說作用會很類似，也就是說吃太多，或者說不正確的補充時會出現的問題也會是類似的，就像有不適合吃紅蔘的人，就有不適合吃紅蔘的毛孩一樣。

所以到底需不需要補充營養補充劑？

　　這裡所謂的營養補充劑主要說的是「必需營養素」的補充品，像是維生素、礦物質等。基本上很少有營養師會要大家吃營養補充劑，因為在營養師眼中最理想的狀況是從「飲食」當中攝取充足又均衡的營養素，如果吃得健康又均衡，是不需要任何營養補充品的。但是，我們（人類）常常不能確定自己吃得夠不夠均衡？夠不夠營養？為了「怕自己吃不夠」，所以市面上開始有各式各樣的「營養補充品」來幫忙彌補，但是，在不知道自己缺乏什麼，或者是需要什麼的情況下，服用高劑量高濃度的補充劑，就像最新研究所說的，很有可能是一種危險，不但對我們（當然也包括毛孩）的健康並沒有幫助，還有可能會有害。

　　所以在吃得均衡有營養的情況下，我個人認為是不用刻意補充任何營養補充品的。這裡不得不提到飼料的一個好處，如果是一家好的飼料公司推出的一個好的飼料，基本上維持健康所需的營養素都應該是很充分與均衡的，我們應該不需要擔心營養不充足或過量，因為飼料公司會幫我們把關，當然前提是這些飼料公司真的很有良心，而且也很專業，信用當然也要夠高。

　　相較於餵食飼料的毛孩，家裡自己製作的食物真的是比較容易有營養不足或不均衡的狀態，如果真的擔心沒辦法給毛孩最好的食物，建議找營養專業人士進行基本營養素的計算，或者是將做好的食物進行營養素分析，看看到底缺乏了那些營養素，又或者有哪些營養素過量，除了可以針對缺乏的部分進行補充外，也可以經由食材的調整，將太多或太少的部分修正。

那其他的保健食品呢？

　　非必需營養素的保健品，真的就很見仁見智了，但是不要忘了，所有的「保健食品」其實都是「食品」。舉例來說：魚油的來源是深海魚，花青素（Anthocyanin）的來源是帶有藍色的蔬果（藍莓、桑葚、茄子、紫花菜），植物性的 Omega-3 的來源是奇亞籽或者是亞麻，大豆卵磷脂的主要來源是大豆，不管營養素的名字聽起來有多麼的厲害，也都是從「食物」來的，基本上還是會建議大家多從「原型」食物提供各種有特殊效能的營養素給我們的寶貝與我們自己。由於這些營養素並不是「必需的」，也就是說沒有吃並不會「不健康」，只是有研究說吃了「會更健康」，但是就如我在美國 USDA 時做的研究主題「植物營養素對預防癌症的效果」時，

有很多植物營養素我們還在營養研究最早期「細胞研究」階段，用細胞培養的方式看營養素對細胞的影響，實際上身體的消化與吸收能力，甚至最後真正的作用都還不確定時，就已經有廠商看準了商機馬上在超市上買得到，說實在話這些成分到底有什麼用？對身體到底是好還是壞？如果都還沒有充足的研究，我自己是不會買來給自己或者是毛孩吃的。

吃快樂的「保健食品」

我們姑且不論保健食品對健康有沒有幫助，如果是一個好吃的對身體沒有副作用的食物，那可以算是一個「吃快樂」的保健食品，就像給點心一樣的作用，也是一種表達我們對毛孩愛意的方式，但是提醒大家一定要注意「用量」！「用量」！「用量」！因為真的很重要，所以我得說三次！

整本書都一再強調，任何東西只要吃過量了都是「毒品」，所以搞清楚「用量」非常的重要。再好的食物，吃過量了也都是毒藥，所以千萬不要覺得什麼東西好就吃個不停，尤其是功能性的飲食，吃太多不如不要吃，因為最後都會引起副作用的，肥胖、嘔吐、腎臟病、神經反應，甚至還有機會致死，任何的食物都應該要控制在適當的份量下給予。

如果要給一個新的保健食品，建議要研究一下保健食品的研究基礎與建議用量，現在網路都很發達，大家在家裡就可以搜尋到論文與研究結果，如果真的有不清楚用量的保健食品，可以先用「自己」來當作標準，就像3公斤貓咪絕對不可能跟50公斤的人吃一樣的份量一樣，從更小的劑量開始，測試毛孩有沒有不良的反應，如果有任何不正常的反應，即使很小，

像是拉肚子、便祕，或者是吃不下飯、突然一直肚子餓，嗜睡或者是特別興奮等狀態，最好都不要再給，或者是減少更小的劑量。尤其毛孩不是人，有些對人來說很安全但是對毛孩來說可能不能代謝或者是難以消化的食物，像是巧克力、洋蔥等，這些內容需要飼主多學習與放在心上，這些食物必須要特別小心劑量，不能單純地用人類能吃的份量轉換成毛孩能吃的份量，可以的話盡量避免，如果真的想給（像是大蒜），那一定要確定安全劑量經過仔細計算份量後再給毛孩食用。

　　吃保健食品是為了要更健康，如果不能達成更健康的目的，那不如吃個好吃的點心，千萬不要讓我們的「愛」變成對毛孩的「傷害」。

回收（recalls）與
食品安全的關係？

　　由於台灣沒有一個網站統一公布在台灣飼料回收的情形，所以只能從美國的網頁裡面得知有在美國販賣的飼料的回收狀況，下面有兩個我主要會定期上去確認的網頁，給大家參考。

美國食品藥品管理署 FDA（Food and Drug Administration）：
https://www.fda.gov/animalveterinary/safetyhealth/recallswithdrawals/default.htm

美國獸醫協會 AVMA（American Veterinary Medical Association）
https://www.avma.org/News/Issues/recalls-alerts/Pages/pet-food-safety-recalls-alerts-fullyear.aspx

　　有人會用飼料公司是否有「回收過」或者是「回收的頻率」當作飼料公司的品質標準，這很正常也很合理，因為最好的公司不應該把東西做出來賣之後才發現東西有問題，最優秀的公司在出廠之前應該就會檢查出問題，所以完全沒有發生過回收事件的飼料公司應該是最安全的。但是，人非聖賢，孰能無過，越大的飼料公司，產品線越多，當原料來源越多的時候，發生問題的機會也就會越來越大。

　　「回收」的方式有兩種，其中一種是「強迫回收」，另外一種屬於「自願回收」，讓我們來了解一下這兩種回收原因的區別。

1. 強迫回收：

這種回收通常不是飼料公司自己發現的問題，是「非飼料公司」（通常是公共機關）檢查時發現有安全疑慮後被迫進行回收。大多數發生強迫回收的情況，都是消費者發現自己的毛孩食用飼料後感到不適，追蹤後發現飼料當中有問題，政府使用公權力將飼料強迫進行回收。也有的飼料是在國家規範的基本檢查時發現有安全問題，通報回收。發生嚴重的問題後政府機關出面檢查，這樣的回收方式已經很少見了。

2. 自願回收：

現今幾乎所有的飼料回收都是飼料公司主動的自願回收，有時候是有毛孩食用飼料後感到不適，飼料公司自我檢查時發現確實有問題後主動回收；也有的時候是公司在出口過程當中為了符合各國規範，進行自我檢查時發現問題，主動回收。第二種情況在輸出多個國家的飼料公司裡面比較容易發生，因為飼料在出口到其他國家時，需要符合各個國家當地的法規，為了配合當地法規進行檢查時，就有機會發現一些之前沒有檢查出來的問題。當初在韓國飼料公司工作管理飼料檢查時，才發現韓國有些對寵物飼料的法規比美國還嚴格，所以當初進口飼料的時候除了美國公司提供的資料以外，還得在韓國政府認可的實驗室裡面進行檢查，當初工作的過程當中雖然沒有檢查出需要回收的問題，但是在檢查的過程當中，發生了不少有趣的事情。

在進飼料公司工作之前完全無法想像，一包飼料從製造到販賣，需要

經過那麼多次的「檢查」。從原料抽查開始，到製造後檢查，加上出口與進口的過程，那更是檢查之後又檢查，但是做了這麼多的檢查為什麼還是會出錯呢？

舉例而言，當初我工作的飼料公司飼料都是由美國進口，除了在美國當地的檢驗之外，每一次進口通關前還要按照法規進行檢驗後，向政府提交檢驗結果報告才可以順利出關。在我剛進飼料公司工作之前，好巧不巧，韓國剛好修改了法規，將寵物飼料的檢查層級提高到比照人類飲食，所以除了幾個基本的營養素含量外，重金屬、病原菌以及輻射含量都成了飼料公司必須「自我檢查」的項目，為了完成所有的檢查，當初真的是忙死我這個新進員工了。

其實韓國政府並不會一一檢查飼料公司全部要做的「自我檢查項目」，但是法規要求飼料公司必須定期（有的項目是三個月一次，有的是半年一次，有的是一年一次）自行送到政府核准的實驗室進行檢驗，政府也規定負責的公務人員要不定期到飼料公司抽檢是否有按照法規進行「自我檢查」，同時政府的負責單位會定期到飼料公司進行隨機檢測，將飼料帶回政府實驗室確認飼料公司提供的營養成分含量是否屬實，同時抽查一些危險因子是否存在。如果沒記錯，當初我在飼料公司負責法規與學術部門的時候，由於公司的商品種類繁多，遵循法規進行完整的「自我檢查」，當初一年的檢測預算大約是台幣三百萬元。

飼料公司的檢驗其實不只是在「進口」到「販賣」的過程中，早在食物原料收取時飼料工廠就會進行抽檢，確認材料沒有問題後才會開始製作，

製作完出廠前，還會再針對飼料進行抽檢。

大家一定覺得，如果有這麼多道檢查，應該不會有販賣後「回收」的問題了吧？

但是根據我的經驗與理解，飼料公司還是有幾個可能會發生問題的漏洞：

1. 正常供應的材料突然出現問題

這種情況比較常會出現在突然需要大量生產某幾個品項的時候，原因是正常的材料供應商無法提供足夠同等的產品，可能需要調貨，或者是突然加大生產，這樣的問題不只是食材、包裝（塑膠袋、罐頭）都有可能發生。飼料公司很難確定全部供應商提供的來源會一直維持一樣的，如果又是長期合作的關係，為了降低成本，抽檢的頻率可能會減少，這時候就有機會會出現問題。

之前曾經遇到過罐頭含有重金屬造成飲食內重金屬過量的情況，當初調查的結果就是罐頭供應商出差錯。至於食品材料供應的狀況比包裝的情況變數更大，不同季節的農作、產量等會受到天氣的影響，不過因為飼料公司都知道有這樣的情況，所以對於食材的檢驗相較起來比較嚴格。最近（2018 年底到 2019 年初）一連串的美國飼料公司因為維生素 D 過量進行大規模的回收，原因就是因為提供「綜合維生素」的供應商失誤將維生素 D 過量加入綜合維生素裡面，結果造成使用這次「過量維生素 D 的綜合維

生素」材料的各家產品都出現了維生素 D 過量的問題。

在飼料公司工作期間也有發現過飼料混入了小塑膠片的情況，這也有可能是材料供應商那邊出現的問題。有時候材料裡面會混入塑膠或者是金屬，一般而言飼料工廠都有金屬探測器，在製造過程中可以確認金屬不會混入飼料，但是大量的食材中混入小量難以探測的塑膠時，是很難被檢測出來的。

2. 人為疏失

大型飼料公司飼料製作都已經全自動化，每種材料的使用量都是由電腦精密控制，但是畢竟電腦還是得由人類來操作，所以還是有機會因為人為疏失而造成問題。而比較小的飼料公司，人工使用多，污染機會增加的同時，人為疏失的機會相對起來也比較大。不過我是不會用公司大小評判安全性的，小公司在高品質管理的情況下，也是可以維持高度的安全標準，建議大家在選購飼料的時候，多多了解飼料公司工廠或者是製造的狀況，進行完整的評估。

3. 保存空間出現問題

保存空間在飼料製造前後都非常地重要，飼料製造前「原料」的保存很重要，製造飼料之後「飼料」本身的運送與保存環境也很重要。一般而言製造乾飼料時，所有食材都得先做成「粉末狀」後混合，有時候飼料公司會直接購買已經製成粉末的材料，像是雞肉粉，英文標示為 Chicken

Meal，但是這幾年消費者開始在乎「包裝上」的材料名稱，不喜歡看起來是加工過的「雞肉粉（Chicken Meal）」，認為原型材料「雞肉（Chicken）」比較高級，所以很多公司也跟著直接購買新鮮食材後再自行加工。

同時，因為飼料包裝上食材的標示順序需依照「重量順序」來標示，新鮮雞肉因為含有大量的水分，所以使用新鮮雞肉的飼料在食材標示的順序上新鮮雞肉（Chicken）往往會比使用雞肉粉（Chicken Meal）的排序更前面，造成有些飼主會誤以為使用新鮮雞肉的飼料肉類含量比較高，其實並不是如此的。我個人認為，飼料中肉類含量並不是那麼地重要，更重要的是蛋白質的總量，而且蛋白質的量也不是越多越好，一定要記得任何的營養素都有不多不少穠纖合度的好標準的。

如果拿新鮮雞肉與加工過的雞肉粉來做比較，因為新鮮雞肉含水量高比較容易生長細菌，腐敗壞掉，所以在食材運送過程中必須要有低溫的保存環境，搬運到工廠後也必須要在夠新鮮的狀態下進行加工才能確保食材的狀態。相對起來加工過的食材粉末，由於水分含量低，細菌較不易生長，相對起來會比較安全，不過環境當然也是要乾淨，而且必須要保持乾燥，要不然粉末狀的材料，表面積很大，也是很快就會發霉或腐敗的。

製作完成飼料的保存也是非常地重要。一般非真空包裝的乾飼料，包裝上會有不易觀察到卻是刻意安排好的「通氣口」，這些通氣孔最主要的目的是為了在飼料搬運過程中包裝不會因為擠壓而爆破，但是由於包裝不是密封的，飼料存放的空間變得非常重要。溼氣太高、溫度太高都會造成飼料的變質，所以買回家的飼料即使未開封，也要選擇合適的保存環境。

　　至於罐頭相對起來比較不挑保存的環境，因為罐頭食品的製造過程當中一般都是密封後再進行高溫殺菌，罐頭內部應該是無氧又無菌的狀態，所以保存環境對裡面飲食的影響不大。但是這幾年的罐頭都做成方便易開的易拉罐，易拉罐一整圈可以被拉開的位置是比較脆弱的，所以才能用拉的方式直接開啟，當易拉罐遇到不正常的擠壓，很容易就會在那一圈封口處裂開，罐頭又都是高水分高營養的狀態，一旦與外界環境接觸後，很快就會腐敗，因此在堆疊罐頭時一定要特別地注意，還有開啟又沒有吃完的罐頭一定要冷藏保存，並且盡快餵完為佳。

　　有時候會看到乾飼料裡面長蟲，或者是細菌感染，這大多是因為保存環境出現問題而發生。回顧飼料回收的案例，近幾年比較常見因為細菌感染而回收的案例，最常見的感染是李斯特菌（Listeria Monocytogenes）跟沙門氏菌（Salmonella），這些發現問題的產品多為冷凍或者是冷藏產品，這樣可能就不只是保存過程出現的問題，還包括了製造過程的問題。為了確保自己的寶貝沒有吃到不好的飼料，記得要持續關注飼料回收的資訊，如果發現自己在餵食的飼料在名單上，馬上停止餵食，有需要的時候最好還是帶去醫院做檢查會比較安心。

回收頻率與飼料安全的關係

　　完全沒有出過事故也沒有回收過的公司應該是最好的飼料公司，但是前面也說過「人非聖賢，孰能無過」，所以偶爾發生一次的飼料回收其實是無可厚非的。個人認為回收頻率一年一次以上的公司屬於經常回收的公司，不論是自主回收或者是被動回收，都不是太好，太常發生的回收事件

代表公司基本的安全檢測不夠完備，即使是自主回收也比較難相信。但是比起常常自主回收的公司，在我心中有一種公司是更不能信任的。

大部分飼主就算沒經歷過，也應該聽說過 2003 年某飼料因為紅麴和赭麴毒素感染造成狗狗群體急性腎衰竭的事件，這件事情光是台灣，就有上萬隻狗狗死於該飼料造成的腎衰竭。此次事件的主因是泰國飼料工廠發生感染的問題，不只是台灣，連韓國也受到非常大的波及，當初我念獸醫系的時候就有班上同學的狗狗是因為 2003 年的事件而死亡。回頭看整件事件的發展過程，會發現雖然有許多狗狗發生問題後提出懷疑，但是飼料公司一再否認，一直到當時桃園縣獸醫師公會的理事長查證下提出質疑，再經過一年多後飼料公司才承認是飼料的問題，也願意提出賠償。如果早在初期有懷疑的時候飼料公司先進行自主回收，再進行自我檢測，那可能受到影響的狗狗就不會那麼多了。

每次聽到有飼主跟我說到她／他的狗狗因為那次事件與親愛的寶貝分離，我都會很難過，總覺得飼料公司可以做得更好的。在腎衰竭事件後，陸續也發生了幾次規模比較小的飼料安全事件，像是貓維生素 B1 缺乏症，我在台大動物醫院實習的時候，親眼見到幾隻因為飼料維生素 B1 缺乏造成無法正常行走與活動，到醫院來進行復健的貓咪，飼主傷心的表情，到現在我想起來還是會紅了雙眼。每天都需要「吃」的食物，如果有問題，真的會招來「死亡」的，所以每一家飼料公司千萬不可以得過且過，應該戰戰兢兢地來製作飲食，千萬不能大意！

仔細分析這些比較大的事件，可以發現都是發生問題後飼料公司才開

始調查，而且飼料公司最初的態度大多表示沒有任何問題，一直要等到飼主聯合起來後，或者是專家出面後，才開始回收，才開始正視問題進行調查。但是，攸關健康與性命的食物，是不容許這樣輕易地對待的！

在飼料製作的過程當中，健全的飼料公司應該存有「每一批」的樣品飼料，仔細看飼料包裝，會發現飼料除了保存期限之外，還有很多不知所云的英文或數字，這些「密碼」其實代表了這包飼料的「出生年月日時間與身分」，只要有這個序號，公司就可以很容易地追蹤知道這包飼料是在哪裡製造，由哪些人經手過，所有的成分來源……都可以查得到。健全的飼料公司，同一批序號的飼料都應該要經過基本的安全檢驗後，才能出廠，然後如果在販賣中發現飼料有任何問題時，公司內部也可以馬上拿出工廠中保有的同一批飼料進行檢查。這就是大家常聽到的 HACCP（危害分析重要管制點，Hazard Analysis and Critical Control Points）其中的一部分，有通過 HACCP 認證的食品工廠應該都有這樣可以進行分析，快速地找出可能產生問題的能力。

但是當飼料公司沒有這樣的能力時，就有可能明明已經知道有問題了，但是公司內部卻找不到問題的狀態。如果是飼料製造過程中發生問題，同批號的飼料應該都會發生，所以檢測同批次飼料的情況下應該可以馬上找到問題的所在，但是如果沒有批號的概念，那現在賣的跟檢測的即使是同一個產品，如果檢查的不是同批次生產的產品，內容物可能也是不一樣的，最後有可能根本是雞同鴨講，找不到問題。

鼓勵飼料公司自行回收等於保障毛寶貝的安全

既然說「人非聖賢，孰能無過」，那「知錯能改」可能才是最珍貴的！容許偶發的「自主回收」事件，並且鼓勵飼料公司提出自主回收，可能才是對我們寶貝最好的方式。

在念首爾大學獸醫系本科四年級的時候，應學校要求，每個學生都必須要找校外實習。當時我在校外的動物醫院實習，負責幫忙配藥，因為對於藥物不熟悉，把兩個名字很接近的藥物搞混，其中一個藥是心臟病用藥，多吃一點都可能致死，而另一個藥是輔助用藥，所以劑量並不是那麼重要，有一天我把心臟藥誤以為是輔助藥使用，包完給飼主後，運氣很好地輔助藥又出現在其他的藥單上，我突然一驚，發現自己可能把之前的藥配錯了，於是把之前的病患診斷書拿出來看，發現自己真的配！錯！藥！身為一個追求完美主義的實習生，說真的我當時實在是很害怕被別人發現自己做出了這樣致命的錯誤，但是當我想到病患有可能會因為我的錯誤而死亡，我顫抖著雙手鼓起了勇氣，硬著頭皮跟主治醫師告白，馬上與飼主聯絡，然後運氣更好的是狗狗還沒有吃藥！

當時我馬上將重新配好的藥，加上一封我深沉的道歉信，九十度鞠躬將新藥奉上，我永遠記得飼主那不開心的表情，但是她並沒有對我生氣，我真的很感激她給的機會，也感謝老天爺讓我有這一次機會，了解到自己所做的事情有多麼重要，甚至可以左右生死。從那時候開始，每一件自己經手的事情，再忙我也要求自己再三確認，希望把錯誤的機會降到最少。畢業後，我也進了那家醫院工作，當我再次遇到那位飼主帶著那隻毛寶來

醫院時，我真的很開心當初自己的勇於認錯，也提醒自己，醫療就是這麼地危險，絕不容許任何一絲馬虎！

我之所以分享自己黑暗的過往，是因為我很佩服在發生大問題之前主動回收的公司！雖然我們都知道華盛頓砍倒櫻桃樹的故事，而且也知道勇於認錯是美德，但是真的發生問題時，要主動認錯還是有一定的難度，尤其在飼主們以「是否有回收的歷史」當作是否為好飼料公司的標準時，我想很多飼料公司應該是能不回收就不回收，更別說認什麼錯了！

當飼料公司在自我檢查時發現有可能出錯的時候，馬上勇敢地進行回收，這樣的行為在我看來才是真正負責的行為，而且飼主雖然會有所不滿，但是應該要多鼓勵這樣的做法，而不是進行謾罵。仔細思考，絕對沒有一家飼料公司會故意把飼料做得不安全，然後再回收造成自己困擾，「自主回收」的行為是對飼主對毛孩的負責，我們就算再不滿意，也應該要開心有公司願意主動面對自己的錯誤。

每一個決定要製作食品的公司，不論使用者是人或者是動物，無論公司大小，都應該要用尊重生命的態度，為自己的食品把關，千萬不能讓金錢泯滅了良心。身為消費者，雖然在遇到回收時會感到不滿，可是也該慶幸自己購買的東西是有在被把關的，這比發生問題卻遲遲不肯承認不解決的公司來得值得信任。如果可以，請給這樣的公司再一次的機會，我相信他們下一次一定會做得更好！

遵守了 AAFCO 或者 FEDIAF 安全就有保障？

　　越來越多的新創飼料公司是為了「製造出更高級」的飼料而努力，營養素遵守美國飼料協會 AAFCO，的標準成了基本，而且很多公司甚至會用「遵守 AAFCO 營養建議量」當作廣告，但是只要遵守了 AAFCO 就等於安全了嗎？讓我們一起來了解一下吧！

　　AAFCO 每年會針對狗跟貓公布營養素參考攝取量，就像衛生福利部會定期公布「國人營養素參考攝取量」一般，在美國販賣的飼料，基本上都會遵守各營養素的足夠攝取量。近幾年，毛孩父母對於毛孩的營養狀態要求越來越高，所以不只是進口的飼料，連台灣或者是韓國開發生產的主食食品，會開始強調遵守了 AAFCO 的營養標準。在一個營養專業的人眼裡，一個愛毛孩像小孩的我來說，感到非常的欣慰，這正是消費者充分表達需求後，飼料公司追求飼主喜好下的產物，是飼主們的一大勝利，讓我們有更多可以選擇的好產品問世！

　　但是，基於追求「好還要更好」的觀點來說，遵守了 AAFCO 或者歐洲寵物食品產業聯盟（FEDIAF，European Pet Food Industry Federation）提供的營養素建議標準雖然提升了食品的安全性，但是對於健康而言，可能還是不夠的！

還在起飛狀態的伴侶動物（寵物）營養學

　　雖然人類營養學已經發展了幾個世紀，但是伴侶動物的營養學卻是這幾年才慢慢開始發展的。

　　最初人類從只在乎自己的營養學到開始研究「經濟動物」的營養學，

希望可以利用更好的餵食方式讓飼養的肉食動物可以迅速成長，一直到這幾年，飼養寵物的人開始在乎自己的「伴侶動物」是否吃得安全，以及是否吃得營養。

可是其實到現在為止，大家都知道營養學很重要，卻沒有真正地了解這個學科。每次在電視上看到醫師在高談營養學的時候，總是讓我很感嘆「營養師」並沒有被重視。醫師與營養師完全是兩個不同的領域，醫師的工作是診斷疾病與治療，而營養師的工作是教育均衡飲食，當有疾病的時候，使用正確的飲食輔助治療或者是預防疾病。營養師有學習各種疾病的診斷與基本的治療原理與藥學，但是並不能取代醫師；同理，醫師雖然有學習很基本的營養學（甚至根本沒學過），普遍對於營養學知道的不多，可是因為大家相信醫師大於營養師，所以我們可以看到很多對營養一竅不通的醫師在大家面前侃侃而談「營養學」，從這裡我們可以看到社會對營養學專業的不尊重，而這樣的不尊重引發出來的是大家很難接收到正確的營養知識。

伴侶動物營養學的問題更是嚴重。像是首爾大學獸醫系只有在預科時期有一堂動物營養學，因為是預科的課程，所以我沒有上過，不過根據同學的說法並沒有學到很多伴侶動物相關的資訊。這絕對不是韓國首爾大學自己的問題，而是全世界獸醫系普遍的現象，原因是連人類營養學都沒有被十足重視的情況下，伴侶動物營養學並沒有被真正的重視過，現今大多的伴侶動物相關營養學研究都是在各大飼料公司支援下進行的，不得不讓人懷疑這樣的研究是否有可能是拿人錢財與人消災的情況？

到現在為止，伴侶動物營養素最低需求量的研究大致上已經完成，但是更細節的研究像是「最高建議量」並不是很完整，所以 AAFCO 與 FEDIAF 的營養素建議量在沒有足夠科學研究的參考下，只能針對營養素提供完整的最低建議量，大多數的營養素都沒有「過量」時的標準。

營養素過量也是毒

前面提到，雖然已經知道毛孩每種營養素每天最少要吃多少才可以維持健康，但是大多數的營養素對於有沒有「過量」因為研究不足的情況下，還是不知道標準的。

所有的營養素，缺乏時會造成各種症狀與疾病；同時如果吃過量，也會引發問題。就像看似非常安全的營養素——水，如果在短時間攝取過量，飲入水分的速度超過腎臟可以排除水分的最大利尿速度，體內過剩的水分會稀釋血液，造成低鈉血症，且大量水分經由腎臟排出體外的同時，體內的電解質會一起被排出體外，一旦血液中電解質低於安全濃度時，會開始影響身體的正常運作，嚴重的時候甚至會致命，我們稱之為水中毒（Water Intoxication）。

人類的營養學對於大多數營養素過量的狀況已經有一定的了解，但是伴侶動物營養學研究還是不那麼發達的現在，有被完整研究過的營養素很少，所以對於大多數的營養素而言，對毛孩是否過量？過量時出現的問題是否與人類一樣？都還是未知的領域。

不知道過量的標準，就不會知道是否過量！

　　製作毛孩飲食的過程當中，符合 AAFCO 營養標準代表了各種「必需營養素」有超過毛孩所需要的「最低值」以及少數有最高值標準的營養素（像是維生素 A、維生素 D）沒有超過安全範圍，但是大多數的營養素並沒有最高可以忍受的標準，也就是說所有的營養素不會不夠，但是有沒有超過安全範圍，沒有人知道！

　　最容易了解的就是「鹽分」！根據國際衛生組織 WHO 的建議每日鹽分攝取量是 5 克，台灣衛生福利部是 6 克（鈉 2,400 毫克），在人類的營養學研究中，我們已經發現太多的鹽分攝取，會造成高血壓、動脈硬化等心血管疾病，還會增加慢性腎臟病、尿路結石、骨質疏鬆症。有研究顯示每日攝取超過 10 克以上的鹽分，甚至會增加胃癌的發生率。但是伴侶動物營養學研究不足的情況下，除了特殊疾病，並沒有足夠的證據需要限制健康貓狗鹽分的攝取。

　　由於鹽分（鹹味）可以增加食品的味道刺激食慾，但是 AAFCO 並沒有使用上限的標準，所以使用很多的鹽在飼料裡面一樣是符合 AAFCO 的營養標準，甚至有飼料利用增加鹽分的方式引導狗跟貓飲用更多的水分，進而預防結石的生成，但是這樣增加食慾，或者是增加飲水量的方式真的安全嗎？非常可惜的是現有的鹽分安全評估研究都是由「飼料公司」所提供，沒有一個足夠有公信力的研究讓我們知道貓與狗真正安全的鹽分攝取量。

單純地遵循 AAFCO 與 FEDIAF 的建議量可能是不夠的

　　剛開始養皮皮的時候，確認是否符合 AAFCO 營養標準以及是否為當年 *WDJ* 推薦一直是我選飼料的準則，甚至因為在韓國可以買到符合標準的飼料很少，每次去美國或者回台灣探親遊玩的時候，總是有一個箱子專門用來搬運飼料。(當初因為不知道不能隨意帶飼料入境，所以才會帶飼料回韓國，這邊提醒大家一下，因為飼料是含肉類的製品，是不能隨意進口的，如果攜帶飼料入境有可能會被罰錢，千萬要小心不要觸法了。) 一直以為自己很用心照顧皮皮，應該會很健康。沒想到健康檢查的時候發現腎臟指數 BUN（血液尿素氮）超標，仔細研究才發現當時使用的飼料蛋白質含量超過 35％（DMB[*]），而且有時候會當點心的潔牙骨含有蛋白質超過 70％（DMB），因為每日蛋白質攝取量太多，所以腎臟指數才會超標。當時才意識到原來符合了 AAFCO 與 *WDJ* 推薦的飼料並不一定夠安全，同時也發現只有很少的營養素有不可以超過的標準設定。好吃三要素：脂肪、蛋白質或者是鹽分都沒有過量的標準。當重新選擇蛋白質含量小於 28％（DMB）的飼料後，皮皮的腎臟指數都一直符合標準了。

　　由於伴侶動物營養學的研究不夠，符合了 AAFCO（或者是 FEDIAF）的營養標準時，只能確定各種營養不會缺乏，但是並沒有辦法確定各營養

---

[*] DMB=Dry Matter Basis，飲食中去除水分後，乾燥物質內的含量比例，單位為％；一般伴侶動物食品包裝上的營養標示為「As fed」，是包含水分的標示方法，單位也是％。在計算 DMB 的時候，如果食物包裝標示上有水分的含量就直接使用，如果沒有水分含量的標示，則乾飼料通常水分含量為 10％上下，罐頭則是 90％上下。舉例而言，蛋白質含量為 5％的罐頭，假設水分含有 90％，則 100 克罐頭中乾燥部分只有 10 克，其中蛋白質是 5 克（5％=100 克中 5 克），也就是說 DMB 是 50％（10 克乾燥成分中 5 克蛋白質 =5/10X100％=50％）。

素是否過量。所以符合了 AAFCO 的營養標準的食物，只是說這個食物符合了最基本的標準，沒有辦法確認這個食品是否真的安全，而且營養素沒有過量。

下一個標準：餵食測試

營養均衡才會健康，任何營養素不足或過多都可能會造成疾病，可是我們怎麼知道有沒有營養均衡呢？ AAFCO 有一個標準的餵食測試，如果通過了 AAFCO 的餵食測試，飼料包裝上或者是飼料網頁裡面會標示：Animal feeding tests（或者是 feeding trials）using AAFCO procedures……

AAFCO feeding tests 是美國飼料協會制定的安全測試方法，一般而言需要八隻以上的測試動物（狗或貓，按照食用對象）中至少六隻動物通過六個月以上的測試，測試當中嚴格限制只餵食測試中飲食，測試動物需要通過體重、外觀，以及簡單的血液檢查，沒有異常的情況下，才能算是通過。有些飼主對於 AAFCO feeding tests 的意義存疑，認為八隻通過六隻，以及六個月以上的測試太容易。在這裡我想要特別幫 AAFCO 解釋一下，如果增加測試動物數目，增加測試時間當然很好，但是這樣測試的費用增加，飼料公司測試的意願會減少，飼料成本增加的同時，飼料的價格也得增加，對於飼料的銷售可能會是負擔。而成犬成貓飼料測試六個月即可通過，在我看來也非常合理，貓狗的壽命短，如果計算狗的一年等於人的七年的話，測試六個月就等於測試了三年半的時間，持續吃一種食物三年半，如果有營養素不足或過量的情況，甚至含有有毒物質，致癌物等問題，三年應該可以看出端倪。所以六個月看似短暫，但是絕對比沒有經過測試的

飼料來得安全。當然飼料公司不一定要遵守 AAFCO 的規則，加碼測試的項目與時間甚至是動物數，這我一定是舉雙手贊成，但是消費者要有飼料會漲價的心理準備，畢竟羊毛出在羊身上，為了我們寶貝的安全，多一點的測試我們自己分擔也是正常的。

到現在為止有安全測試的飼料公司並不多，連進口的飼料通過 AAFCO feeding tests 也不多，甚至連許多大廠牌都沒有足夠的安全測試，更別說國內製造的寵物食品了，這讓我一直很擔憂，到底有多少的疾病是飼料吃出來的？身為飼主，我們能做些什麼呢？我想每個愛護自己毛孩的飼主都應該重視安全測試的重要性，同時要求督促自己購買的飼料／食品公司做安全性測試，以確保我們毛孩「食」在安全！讓食品／飼料公司知道我們是很有智慧的消費者，我們希望他們可以把錢用在保護我們毛孩的安全，而不是行銷上面，同時我們也知道安全測試會增加成本，所以也樂見更安全的飼料需要更高的販賣價格，我想只有這樣才能督促食品／飼料公司把毛孩的安全當作最重要的考量。

十惡不赦的防腐劑？

　　2019 年 5 月在韓國新聞爆出來二十四種毛孩飼料中有二十二種檢查出包裝上未標示的「合成防腐劑」（https://www.insight.co.kr/news/226147），國內外大廠都一起中鏢上榜，每一家飼料公司都急著澄清飼料裡的防腐劑都不是刻意添加的，大多是材料裡面原本就有的！愛毛孩跟愛小孩一樣的飼主們有的感受到背叛、有的哀鴻遍野、有的不願相信。

　　相信愛毛孩的你，一定很想知道防腐劑到底是什麼？防腐劑到底有多可怕？人工合成的跟天然萃取的產品真的有差別？還有如何確保我們寶貝吃的飼料添加的防腐劑是安全的？

　　讓我們一起來深度了解防腐劑吧！

　　有人一看到「防腐劑」就想皺眉頭，一聽到「防腐劑」就會有一股害怕與討厭的感覺。其實防腐劑並不是那麼可怕的，但是，使用的劑量是非常重要的，就像之前的章節有提到所有的化學成分都可以是藥（對身體好），也可以是毒，而是藥還是毒，其中的關鍵就是「劑量」，防腐劑也是一樣的！當我們了解了「防腐劑」的功能與研發過程，以及使用規則之後，我想大家對於「防腐劑」的看法可能會有改變！

　　在開始介紹防腐劑之前，我先幫大家打一下「預防針」，我不是賣防腐劑的人，也不是任何寵物飼料或食品公司的員工，所以純粹只是將所學所知分享，還請大家用開放的心胸一起來了解「防腐劑」到底是什麼，在使用上應該要注意些什麼。

什麼是防腐劑？

　　防腐劑的定義上為「天然或合成的化學成分，為了延遲微生物生長或者是化學變化引起的腐敗而添加」。生活當中不只是食品中有，會受到微生物，或者是接觸到外部環境而變質的東西，如果需要長期保管的時候，裡面都有添加防腐劑，像是保養品、化妝品、或者是藥物甚至是顏料裡面，都可以看到「防腐劑」的身影。除非所有使用的東西都是「現做現採」，要不然幾乎不可避免地一定得使用到「防腐劑」。

　　顧名思義，防腐劑的功能就是「防腐」，也就是說，要長期使用又希望東西不會壞掉的時候會添加。在我看來，防腐劑是一個很「人性化」與「方便」的發明，現代人的生活繁忙，很難做到每天「現採現做」，所以研究發明了防腐劑，所以即使做不到現採現做，一樣可以吃到或用到沒有「壞掉」的東西。

　　東西壞掉主要有兩種情況，一種是因為「細菌／黴菌生長」；一種是因為「成分氧化」，所以防腐劑也有兩種，一種是抑制黴菌生長，不讓細菌長出來；另一種是「抗氧化的成分」，抑制成分（主要是脂肪）的氧化作用。

　　乾飼料因為含水量少，細菌很難生長，所以乾飼料裡面通常是比較少添加抑制黴菌生長的成分，但是因為飼料裡面有含量較高的油脂，所以一定需要「抗氧化」作用的防腐劑。

除了防腐劑，其他的防腐方式有哪些？

一定有人想知道，除了防腐劑，我們還可以用什麼方式防腐？

1. 冷藏或冷凍

當溫度降低的時候，細菌生長的速度與化學反應的速度都會變慢，進而達到「防腐」的效果。但是，降低溫度的方式，只能「延遲」腐敗的時間，是不可能完全阻止「壞掉」，也就是說，即使是冷凍，時間長了一樣會壞掉的。很多老人家認為放進冷凍庫就永遠都不會壞掉的想法，真的「不是真的」，冷凍庫只能延緩壞掉的速度，但是並不能完全保證不會壞掉，注意保存期限，定期清理冷凍庫是「一定要的」。

2. 真空包裝

因為大部分細菌的生長與化學變化需要有「氧氣」的參與，所以在真空的狀態下，少了腐敗需要的元素——「氧氣」，所以腐敗就不會發生了。但是，真空的狀態很難維持，一旦開啟了包裝，就不再是真空的狀態，防腐的效果也就結束了。所以真空包裝的飼料，還是需要添加防腐劑，是為了維持包裝開啟後不會壞掉才加入的。

殺菌罐裝是保存罐頭的方式，也算是「真空包裝」作法。一般來說，罐頭會在罐裝密閉後進行殺菌，這種防腐保存法基本上是最安全的，可以在室溫下保持非常久，因為罐頭裡面沒有氧氣也沒有細菌，在沒有開封的

情況下不會有微生物生長，也幾乎不會有化學變化。但是，一旦罐頭開啟，或者是有「洞」，那就會馬上腐敗，因為含水量高、養分又很充足，微生物會以非常快的速度生長，所以如果罐頭開啟一定要盡快吃完，沒吃完的一定要封裝放冷藏。

有一些不需要氧氣就能生活的「厭氧細菌」，像是肉毒桿菌能在罐頭中生長，所以如果罐頭在開啟前有膨罐的狀況，或者是開啟之後發覺有異味，千萬不要食用，以確保安全。

3. 乾燥

乾燥的方式是針對「細菌」防腐，也是乾飼料使用的方法。在水分含量夠低時，細菌是無法生長的，或者是生長速度會變得非常的緩慢，進而達到防腐的效果，乾飼料的水分含量都會維持在 10%以下。但是保存的方式是非常重要的，大家應該都看過食品包裝上提到食品要放在「乾燥陰涼處」的警語，因為潮濕的保存環境會讓食品中水分含量增加，一旦水分高到細菌可以正常生長的時候，乾燥防腐的效果就會消失了。

飼料是一個「全營養」的狀態，裡面有生物生長所需要的營養素，所以很容易孳生細菌，維持在低溼度時是可以抑制細菌生長的，但是沒有辦法阻止脂肪酸敗。脂肪酸敗是一種「氧化」的過程，要預防脂肪酸敗需要的就是「抑制氧化」，這裡的氧化跟我們常常聽到的「抗氧化劑」中的「氧化」是一樣的意思，其實飼料中的防腐劑就是「抗氧化劑」，是用來阻止脂肪酸敗的成分。

在食品添加物十八種的品項裡面，防腐劑與抗氧化劑分類在不同的品項中，按照這個標準，飼料裡面不需要添加「防腐劑」（抑制微生物、細菌的生長）而只有「抗氧化劑」（阻止成分氧化造成變質），所以這一章所提到的飼料用「防腐劑」其實指的都是抗氧化劑。

4. 其他的防腐方式

除了乾燥、冷凍、真空（殺菌罐裝）以外還有一些其他的方式，比如說輻照和添加抑菌劑等。用糖或鹽醃製，燻烤也都是常見的防腐方式，其實是跟乾燥一樣的方法，藉由細菌在食物中含水量低時生長較慢或無法生長的原理，抑制細菌的生長。

什麼是抗氧化劑？

前面已經有提到抗氧化用的防腐劑其實就是「抗氧化劑」，與可以抗老化的抗氧化劑在功能上是一樣的，現在有很多飼料會使用我們拿來當保健食品吃的抗氧化劑當作抗氧化的防腐劑來使用。

抗氧化劑主要的功能就是自己可以「被氧化」，然後讓別人不會「被氧化」。食品中最常見的氧化發生在脂肪，脂肪被氧化的時候會出現油耗味，記得曾經聽過有一位教授在解釋油耗味的時候說：油耗味很像蟑螂的味道！我想大多數的人應該跟我一樣聞過油耗味，沒聞過蟑螂味吧？所以大家應該已經知道蟑螂是什麼味道了？！

　　脂肪，尤其是不飽和脂肪，容易接收空氣中的氧氣發生氧化作用，油耗味是因為油脂氧化反應下產生的低分子量的醛、酮、酸、醇類所引起，更嚴重的問題是氧化的過程會造成大量的自由基，自由基又稱為游離基，活性極強，可在身體裡面發生許多化學反應，而這些化學反應都是對身體不好的。已經有許多的研究證據顯示，自由基是造成不正常的發炎、細胞老化、血管硬化、甚至是致癌的罪魁禍首，所以如何不讓食物中的油脂被氧化，如何開發出更強而有力的抗氧化劑，是早期的食品學的熱門研究主題。

抗氧化劑的分類

　　抗氧化劑大致上可以分成兩種：一種是天然抗氧化劑，另一種是人工抗氧化劑。

　　天然抗氧化劑是自然界本來就有的成分，像是維生素 C、維生素 E（Tocopherols）、檸檬酸（Citric Acid）、β 胡蘿蔔素、綠茶萃取物、迷迭香萃取物等，這些天然就有的抗氧化成分，感覺起來比較安全，但是有兩點需要注意。第一點，因為「天然抗氧化劑」抗氧化的能力較弱，所以如果只用這些天然抗氧化劑，可以保存的時間比較短。第二點，雖然我們會覺得天然就比較安全，但是其實並不是「天然」就等於安全，就像自然界有許多毒草毒蛇一樣，其實都是自然界有的「天然」的化合物，可是對我們卻是「毒」，而這些毒草其實在精準地控制劑量時也是可以變成對我們身體好的「藥」。像是名偵探柯南裡面常見的毒藥——有杏仁味「氰化物」，其實在中藥的苦杏仁裡面就含有氰化物，喝有添加苦杏仁的杏仁茶幫助治

療咳嗽，其中一部分的原理就是靠著小量的氰化物將呼吸器官裡的細菌殺死，減緩感染的狀況。

就像氰化物是毒不能吃太多一樣，天然的成分吃太多也會變成毒，像是維生素 C，雖然對人類而言不能自行合成，必須要從每日的食品中補充的營養素，但是每日的建議量只有 100 毫克，有研究顯示吃太多反而會增加泌尿道結石的機會（尤其是男性朋友）。狗與貓跟人類不一樣，他們可以自行合成製造身體所需要的維生素 C，所以在我看來對於狗狗與貓貓而言，更容易會有維生素 C 過量的機會，我一般是會建議有結石機會的毛孩（有長過結石，或者是已經有結石，或是尿中結晶很多）盡量不要選擇有添加維生素 C 的飼料，減少一個可能會增加結石的原因。

人工抗氧化劑，也就是自然界當中沒有的成分，在生化學家或者是食品學家的努力研發下開發出的化學成分，這樣的化學成分無法在自然界中找到，所以不能用「萃取」的方式取得，只能用「化學合成」的方式製造。飼料中常見的人工抗氧化劑成分有丁基羥基甲氧苯、二丁羥基甲苯、三級丁氫醌（Tert-butyl Hydroquinone, TBHQ）、五倍子酸丙酯（Propyl Gallate）、乙氧基喹因等。

這些人工抗氧化劑會被大量生產與使用的原因，大多是因為比起天然的抗氧化劑，這些人工合成的抗氧化的效果更好，但是很直覺的我們會害怕這些在自然界沒有的成分吃到肚子裡面到底有沒有問題？

不論是合成的化學成分，天然的化學成分，只要是化學成分都是「量」

決定了是否安全，「量」也決定了功能，為了證明這些合成的抗氧化劑對我們的身體會不會有不好的作用，毒理學專家、食品營養學專家，做了非常多的實驗來確認這些合成的化學成分的「安全劑量」，也就是說專家們花了很多的時間去研究人工抗氧化劑對我們的身體有什麼不好的影響，還有最多可以用多少，這些實驗研究，都是在高規格的條件下進行的。記得第一次在課堂上聽到毒理學教授說：「這些有研究過的合成成分比那些沒研究過的天然物質安全多了，因為有研究確定安全量，而且政府會立法要求食品業者遵守，並且確認使用量是安全的！」我才恍然大悟，原來我們一直以為的安全跟實際上的安全，可能完全不一樣。所以，「天然的都好」這件事情並不是真的，不管是不是天然，都需要經過研究得知安全劑量後，遵守安全劑量下使用，才是真正的「安全」！

人工抗氧化劑的注意事項

　　大部分飼料使用的人工抗氧化劑經過實驗證實都是安全的，而且使用的劑量也在嚴格的規範下使用，但是有的人工抗氧化劑使用上還是得特別注意，像是乙氧基喹因因為有造成肝臟指數上升的副作用，所以美國 FDA 在 1997 年就訂立了寵物飼料建議不要超過 75ppm（0.0075％）的標準。還有以前在飼料裡常用，但是現在幾乎不用的二氧化硫（Sulfur Dioxide），雖然毒性很低，但是會破壞食物中含有的維生素 B1，引發了好幾次維生素 B1 缺乏的問題後，現在就沒有什麼飼料公司在使用了。

　　討論率很高認為丁基羥基甲氧苯、二丁羥基甲苯或乙氧基喹因可能會致癌的看法，雖然爭論度很高，但是到現在為止美國 FDA 認定這些人工

抗氧化劑為 GRAS（Generally recognized as safe，公認安全），也就是說經過專家們研究與討論後，認為這些食品添加物是安全的，可以不受 FFDCA（Federal Food, Drug, and Cosmetic Act，美國聯邦食品、藥品和化妝品法案）中食品添加物殘留容許量的限制，但是食品中防腐劑「總量」建議維持在200ppm 以下，所以雖然不限制個別的容許量，但是所有的防腐劑加起來還是有限制的。

包裝上成分沒有提到人工防腐劑
不等於成分裡面真的沒有

如本章開頭所提到的韓國那則新聞，由於在包裝上並沒有提到飼料中有添加這些合成防腐劑，所以讓很多飼主感到不敢相信甚至無所適從。飼料公司紛紛發了新聞稿說明並沒有添加人工合成防腐劑，應該是在購買原料的時候，原料商為了避免原料腐敗，所以在原料裡面添加了防腐劑。

其中檢查出來的合成防腐劑包括：丁基羥基甲氧苯、二丁羥基甲苯、乙氧基喹因以及山梨酸。

其實這幾個防腐劑都是 FDA 認證的 GRAS，所以使用在飼料當中都是安全的，但是還是得在安全的「範圍下」使用，如果防腐劑合起來超過200ppm，不得不讓人感到擔心會不會對毛孩的健康造成影響。

至於抑制黴菌生長的山梨酸，其實是一種天然有機酸，不過如果用作於防腐劑的話，利用化學合成技術製造的時候會比較便宜。由於天然界中

就有山梨酸，像是莓果類裡多多少少都有一些，所以如果有添加含有山梨酸成分的飼料，即使沒有刻意添加也是會檢測出有存在的。

　　我個人認為這是一個很有意義的新聞，也是對飼料公司的一種警告，畢竟飼料公司口口聲聲說自己嚴選材料的同時，不應該讓含有大量防腐劑的材料添加入飼料當中才對，一家優秀的飼料公司也應該在產品完成後進行檢測，實在沒道理不知道自家的飼料裡面到底有沒有過量的防腐劑。所以除了在這裡呼籲飼主們不用太刻意害怕人工合成的防腐劑之外，也想請飼料公司自主檢測防腐劑的含量，確保進到我們寶貝嘴裡的每一顆飼料都是營養均衡，健康又安全的！

大蒜到底有毒還是無毒？

有一個下午，韓國一個記者打電話來問我：「Tammie 醫師，大蒜到底能不能給狗狗跟貓貓吃？」明明有資料說大蒜有毒，跟洋蔥一樣會造成溶血，但是還是可以在很多寵物食品中看到大蒜的成分，甚至還有宣傳大蒜療效，他很想把這個事情做一個專題。

在此之前，我已經聽到太多次有人說大蒜有毒，不能吃大蒜；也有廠商想加大蒜，要我幫忙推廣大蒜不但沒有毒而且還對身體很好。其實這個問題的答案我已經在前面的章節說過了，就是「所有的化學成分都可以是毒也可以是藥，是毒還是藥，答案就在份量裡」！

大蒜、蔥、洋蔥會造成溶血的成分是一樣的，都是二硫化物（N-propyl Disulfide），這成分含有兩個硫，會讓紅血球裡面的血紅素被氧化，進而造成紅血球破裂（溶血）。溶血會讓尿液變成紅色或者是褐色，但是真的讓毛孩生病死掉的原因是因為溶血造成紅血球不足，引發急性貧血症狀，像是精神沉鬱、心悸亢進、嘔吐、腹瀉等，嚴重的時候甚至造成死亡。

二硫化物這個成分在洋蔥裡含量很高，所以只要吃一點點（體重 0.5% 的洋蔥 =1 公斤吃 5 克）就會過量造成中毒，但是大蒜裡面二硫化物的含量並沒有那麼高，每公斤的狗吃到 15 克以上才會中毒。

有的飼料公司或者是寵物食品公司看到食品營養的研究當中大蒜多種優秀的機能，像是殺菌、防蟲、甚至還可以預防癌症，所以都很想把這好食材添加到食物當中，但是大家一定要注意，問題還是一樣在份量上。*Dr. Pitcairn's Complete Guide to Natural Health for Dogs & Cats* 一書裡面提

到大蒜的每日建議量是 4.5 ～ 6.8 公斤是半片大蒜，9 ～ 18 公斤是一片大蒜，20 ～ 31 公斤是兩片大蒜，34 ～ 40 公斤則是 2.5 片；而 Dr. Shawn Messonnier 的 *The Natural Vet's Guide to Preventing and Treating Cancer in Dogs* 書裡則是建議 4.5 ～ 14 公斤的狗每日吃一片大蒜可以幫忙預防癌症。

在我看來，大蒜應該真的是好東西，但是一片的定義真得很難確定，所以如果要自己給大蒜，一定要詳細計算，最好每公斤的狗不要超過 10 克，也就是說 2 公斤的狗，不要給超過 20 克。雖然說生大蒜對身體更好，但是為了不要對腸胃道太刺激，還是建議吃熟的大蒜就好。如果飼主買的產品當中有大蒜，那一定要遵守「建議食用量」，千萬不要以為吃了會健康，最後吃的量太大，反而不健康了。

其實所有對毛孩有毒的食物都是一樣的道理，像是巧克力是毒，但是是在「吃太多的」時候，一般牛奶巧克力含有造成中毒的可可鹼含量不高，所以吃到一些可能沒有關係，但是，如果是吃到 99％的黑巧克力，吃到一點點可能就會劑量過大，而狗狗代謝可可鹼的能力很差，就有機會傷害到狗狗的中樞神經系統、心臟、腎臟。

其實所有的食物都有好處與壞處，身為一個優秀的好飼主，應該要多多加強自己對寵物食品的知識與概念，這樣才能幫我們的寶貝做出對他們最好的選擇。

貓咪是肉食動物，
所以當然最好只吃肉？

　　這章的內容可能會造成很多的爭議，因為營養學對於貓咪的研究很分歧，到現在為止很多營養學相關的假說很難用實驗完全的證明，尤其對於我們並不是那麼熟悉的貓星人的營養學更是如此。如果大家對於營養學的關心一年大過一年，那我相信過幾年，應該會有更多的人加入研究貓星人的營養學研究，到時候，我們一定會越來越了解怎麼樣對他們最好！但是在那之前，我只能從很基本的營養學，加上我個人的經驗來跟大家分享，很可能過幾年，會有更新的研究結果，說不定貓星人真的是從外星來的，營養學本質上與我們之前研究的都不一樣？不論如何，非常歡迎每一位剷屎官分享你的經驗與看法，我想，只要對我們的寶貝是好的，都是正確的！

　　Alle Dinge sind Gift, und nichts ist ohne Gift. Allein die Dosis macht, daß ein Ding kein Gift ist.

—Paracelsus

　　「毒理學之父」帕拉賽瑟斯（Paracelsus）說：「所有的化學物質都有毒，世界上沒有不毒的化學物質；但是依使用劑量的多寡，區分為毒物或藥物。」

　　營養素也是化學物質，所以所有的營養成分都可以是維持生命的「藥（營養素）」或者是會造成生病的「毒」，全憑量的多寡。所謂的「藥」，都有「有效的服用量」以及「過量會中毒的劑量」；營養素也是一樣的，要維持身體運作正常，必須要吃到多少以上，我們稱之為「建議攝取量」，也就是說如果吃不到這個份量，身體有可能會因為營養素不足而造成身體

無法正常的代謝。但是反過來說，營養素吃太多最後就會變成「毒」讓身體不適，甚至會致死，營養素不建議超過的數值我們稱之為「上限攝取量」。

在人的營養學研究當中發現營養素太多會致癌最有名的研究就是ATBC 研究（Alpha-Tocopherol, Beta-Carotene Cancer Prevention），最初營養學家認為補充維生素 A、維生素 E，或者是 β 胡蘿蔔素應該可以幫助吸菸者減少肺癌的發生，所以美國 NCI（US National Cancer Institute）與芬蘭的國家健康機構（National Institute for Health and Welfare of Finland）合作發起了一個最大的癌症預防臨床研究，1985 ～ 1988 年間在芬蘭找了29,133 位介於五十歲到六十九歲的吸菸男士來參與實驗，研究的方式是分組長期服用大量的維生素 A、維生素 E 或者是 β 胡蘿蔔素，沒想到在追蹤期間卻發現，每天 20 毫克的 β 胡蘿蔔素不但沒辦法幫助吸菸者預防癌症，反而增加 18％ 肺癌的發病率，甚至造成實驗者因為肺癌而死亡，所以在 1993 年宣告實驗終止。

在最新（2019 年）的美國營養學研究調查結果發現，「營養補充劑」對沒有缺乏營養素的人並沒有任何益處，甚至過量的鈣（1,000 毫克）與沒有缺乏卻過量補充的維生素 D 反而會增加癌症的機會與死亡率。

---

* Chen, F., Du, M., Blumberg, J. B., Chui, K. K., Ruan, M., Rogers, G...... Zhang, F. F. (2019). Association Among Dietary Supplement Use, Nutrient Intake, and Mortality Among U.S. Adults. Annals of Internal Medicine. doi:10.7326/m18-2478

回到本章節的問題：貓咪是肉食動物，所以最好只吃肉？

貓咪是肉食性動物，肉食性動物代表「比起雜食性動物」對於蛋白質的需求比較高。換句話說，肉食動物需要更多的蛋白質來維持身體的正常運作，同時因為缺乏一些其他動物可以生成的酵素，無法合成一些非肉食動物可以合成的營養素，像是牛磺酸，這些身體必需但是無法合成的營養素只能由飲食中補充才不至於匱乏，但是牛磺酸只存在於「動物性」食品中，主要在海鮮，豬肉，雞肉，或者小型的鳥類中含有，所以造成貓咪不得不一定要吃肉！

另外一個貓咪與其他動物很不同的部分是，貓咪無法從 β 胡蘿蔔素分解產生維生素 A。人類或狗可以通過攝取含有胡蘿蔔素的橘黃色的植物（像是紅蘿蔔）獲取充分的維生素 A，但是對貓咪而言，這些含有 β 胡蘿蔔素的植物是無法提供貓咪維生素 A 的需求，所以必須要從「動物性食品」像是動物肝臟裡面才能獲得充分的維生素 A。

在我個人的看法與經驗，我認為貓咪並不是「只能吃肉」，只是必須一定要吃動物性食品，而且必須吃夠！

一定有很多貓咪飼主看到這很不高興，因為你們的貓咪只吃肉製品而且很健康，更重要的是野生的貓咪在野外的主食也是「肉」啊！當然是越像他們原本的天然吃法一定對他們最好，所以甚至有飼主會餵貓咪吃生老鼠。

對於野生的貓主要的飲食來源是小型哺乳類（像是老鼠）、小型鳥類的部分我完全同意，但是野生的貓也會吃一些植物／碳水化合物，就像在家裡飼養的貓咪會吃家裡的植物或者是貓奴們特別準備的貓草，同時在我身邊很多貓咪對於麵粉類製品（饅頭、麵包）、米類製品（爆米花、飯）也非常感興趣。我們家的貓對於饅頭跟鍋巴特別喜愛，即使從來沒有要刻意給他吃，他也總是能在我們拿出鍋巴的第一時間衝上來「搶取」。

貓科動物除了獅子以外都「不是群居動物」，也就是說貓咪天生就是獨居的，由於是獨立生活，野生的貓是不可能吃到比雞大的動物，能捕獲的只有小型的哺乳類、鳥類還有昆蟲，像是老鼠、麻雀或蟑螂，而這些「食品」中通常含有較高的牛磺酸，可以供給貓咪牛磺酸的需求。很有趣的，野生貓咪無法吃到的大型動物（豬、牛）肉中，牛磺酸含量低，本來也是無法提供足夠的牛磺酸給貓咪的。

所以如果真的要像野生的時候一樣「只給貓咪吃動物性食品」，那最好是野生貓咪在自然界就可以吃到的動物「全屍」包括內臟，才有可能吃到完整的必需營養素，因為在野生的情況下，貓咪在捕獲獵物後，一定會食用獵物的內臟，才能補充肉類裡面沒有的營養素。如果給貓咪吃牛肉、豬肉等大型動物的肉，那一定要注意營養素像是牛磺酸、鈣質等的補充，因為「野生貓咪」絕對不可能只吃牛肉或豬肉生活的。

再現「野生時」的吃法會比較「健康」嗎？

就跟人類因為文明壽命越來越長一樣，家貓的壽命其實也越來越長。

除了野生的環境不安全以外，其實還有很大一部分是食物的品質越來越好，煮熟後再食用，可以減少食物中毒的機會。充足的飲食可以提供足夠的營養，讓我們有更好的體力與免疫力抵抗傳染疾病以及營養缺乏的問題，所以「野生時的吃法」不一定比較「健康」，尤其在家豢養的動物已經不像野生需要自己覓食，有一餐沒一餐，同時經過幾千年的家畜化，運動量越來越少的情況下，飲食的狀態也慢慢在演化與改變。到現在為止，沒有足夠的相關研究來證明吃「全動物成分」與吃適量植物（主要是提供碳水化合物、植物營養素以及一些不飽和脂肪酸）哪一個對「肉食性」貓咪比較好，也就是說並沒有任何的證據顯示讓貓咪活得像在野生狀態一樣，吃小型哺乳類就會比較健康。

　　以基礎營養學的角度來說，適量的植物，提供了不只是碳水化合物，還有植物營養素（Phytonutrients）可能是對貓咪比較好的方式，理由如下：

1. 減少肝腎的負擔，尤其是年紀大的貓咪

　　按照 2014 年台北市的統計，造成貓犬死亡的第一名是都是癌症，接著貓咪的第二名就是腎臟病，給狗狗的飼主參考一下，狗的腎臟病是第四名，排在多重系統功能喪失與心血管疾病的後面。

　　有將近五分之一（19.1％）的貓咪因為腎臟病而死亡，幾乎與癌症不分上下，而預防腎臟病的方式除了無法改變的基因問題，剩下的就是排尿習慣以及飲食的改善！光看貓星人的外貌就知道他們對生活要求是很高的，除了廁所必須要維持乾淨以外，多貓家庭一定要準備足夠的廁所。按

死因	病例數	比率
癌症	51	19.5%
腎衰竭	50	19.1%
多重系統	45	17.2%
傳染病	34	13.0%
呼吸系統	15	5.7%
心血管病	16	6.1%
消化系統	12	4.6%
創傷	7	2.7%
胰臟炎	8	3.1%
其他	24	9.2%
合計	328	100.0%

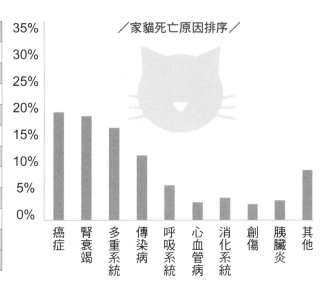

圖一 .103 年度家貓死亡原因排序

死因	病例數	比率
癌症	96	29.3%
多重系統	62	18.9%
心血管病	0-60	10.4%
腎衰竭	25	7.6%
神經系統	16	4.9%
傳染病	16	4.9%
自然死／不明	15	4.6%
創傷	14	3.7%
消化系統	12	4.3%
免疫系統	12	3.7%
其他	26	7.9%
合計	328	100.0%

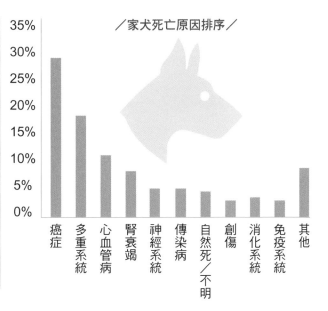

圖二 .103 年度家犬死亡原因排序

照貓咪行為學家的建議，廁所的數量最好是貓咪數量再多一個，也就是說有兩隻貓的時候，廁所最好有三個，而且位置要分散開，貓星人特別注意隱私，不喜歡嗯嗯的時候有別「貓」在旁關心。還有廁所最好不要與水盆跟飯碗放得太近，我想我們也不希望在廁所旁邊吃飯喝水，對吧？

　　預防腎臟病飲食的方面，最重要的是三點：充分的飲水、適量的蛋白質與健康的鈣磷比。預防腎臟病的飲食管理詳細的內容在我的第一本書裡面討論過，不再細談，這裡想要再強調一次適量蛋白質的重要性。

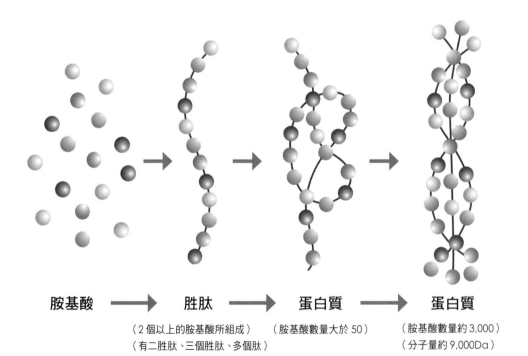

胺基酸　⟶　胜肽　⟶　蛋白質　⟶　蛋白質
　　　　　（2個以上的胺基酸所組成）　（胺基酸數量大於 50）　（胺基酸數量約 3,000）
　　　　　（有二胜肽、三個胜肽、多個肽）　　　　　　　　　　　（分子量約 9,000Da）

　　蛋白質是由不同的胺基酸串聯組合起來的，不同動物體內合成製造以及代謝的能力不同，每日所需要的胺基酸（蛋白質）是不一樣的。蛋白質在身體內有許多的功能，像是我們的皮膚、毛髮、消化酵素、以及身體內部的各種代謝作用等，都需要蛋白質來運作，為了維持身體蛋白質的平衡，我們每天都需要經由食物攝取足夠的胺基酸來合成足夠的蛋白質。

　　必須從食物內攝取的胺基酸如果吃得不夠，身體則會分解儲存在體內的蛋白質，主要是身體的肌肉，用以提供身體基本代謝所需，現代人或者是家裡養的毛孩很少會有蛋白質攝取不足的問題，除了少數素食者以外。大部分的人跟毛孩都是蛋白質攝取過量的情況，當我們吃入比身體需要的蛋白質（胺基酸）還多的時候，這些多出來的胺基酸都會經由肝臟代謝，

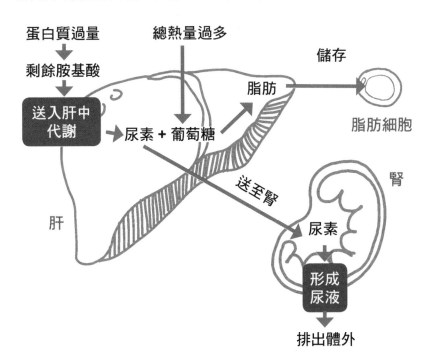

一部分變成葡萄糖，另一部分變成尿素。變成葡萄糖的部分在總攝取熱量也過多的情況下，會轉變成脂肪，儲存在體內，造成肥胖；變成尿素的部分則會經由腎臟排泄出體外。

運動量大的時候，因為肌肉受損增加，需要比較多的蛋白質去補充受損的肌肉，甚至增加肌肉的生長，所以運動員或者是在健身想長肌肉的朋友，通常會讓自己稍微過量的運動，然後再增加蛋白質的攝取，這樣就可以增加身上的肌肉量。但是，如果高蛋白沒有配合上足夠的運動量，最後過多的蛋白質就會對身上最重要的兩個臟器——肝臟與腎臟造成負擔。因為沒有充足的運動量，過多的蛋白質不會變成肌肉，如上面所說的會經過肝臟的代謝變成「肥肉（脂肪）」以及「尿素」。

雖然到現在為止沒有足夠的研究顯示過量的蛋白質會直接造成肝臟受損或者腎臟病，但是在肝臟已經受損或者是有腎臟病傾向的時候，過量的蛋白質會造成疾病的惡化以及減少壽命，已經是不爭的事實了。身體健康的年輕動物有強壯的肝臟與腎臟，所以身體可以應付得了過量蛋白質的副作用，但是當毛孩變老的時候，代謝的能力越來越差，身體機能開始退化的時候，過量的蛋白質會在不知不覺中使得他們的肝臟與腎臟的負擔過大，一直到我們看到他們不舒服了，或者是健康檢查上看到紅字之後才會發現問題。

對於毛孩最新開發出來的腎臟血檢「Symmetric Dimethylarginine（SDMA）」，要在腎臟喪失了 40％的機能後才能反映出來。換句話說，失去 39％的腎臟功能前我們是沒辦法知道毛孩的腎臟已經出現問題的，而

腎臟機能喪失是「不可逆的」，也就是說一旦腎臟壞掉了，在西醫的角度上是沒辦法可以救回來，所以如果經由血檢發現腎臟已經壞了 40％以上才開始「限制蛋白質攝取」，那也就等於永久失去了 40％以上的腎臟功能。

在美國國家科學研究委員會（National Research Council, NRC）出版的 *Nutrient Requirements of Dogs and Cats* 裡面提到，經過研究測試，貓咪每日蛋白質最低需求量為 16％（DMB），也就是說只要乾燥情況下，16％的蛋白質含量就可以維持貓咪的基本需求量，建議量則為 20％（DMB）。而 AAFCO 為了實際食品製造運作上的安全，建議成貓的蛋白質攝取量為 26％（DMB），也就是說只要超過 26％（DMB）的情況，應該不會有蛋白質不足的問題。

貓咪	蛋白質 DMB
NRC 最低需求量	16%
NRC 建議量	20%
AAFCO 最低建議量	26%

我自己在選擇貓咪飼料的時候，一般會選擇蛋白質 DMB 26％以上但是不超過 45％，理由是因為我們家的貓咪運動量小，要控制蛋白質的攝取量，才不會對肝臟與腎臟有太多的負擔。尤其當年紀超過十歲之後，我會限制蛋白質含量要再少一點（不超過 40％），因為當年紀變大，代謝變慢，太多的蛋白質可能是殺死毛孩的毒藥啊！

3. 適量植物營養素（**Phytonutrients**）有益健康

當初在美國農務部（USDA）工作的時候，我所在機構就是「植物營養素研究室」（Phytonutrients Laboratory），我們用各種研究去確認植物中含有的營養素對於身體的幫助。簡而言之，大部分的植物營養素或多或少都是對身體好的，而且這些對身體好的代謝作用在人跟老鼠中是一樣的。雖然沒有足夠的狗與貓的研究，我大膽假設應該有很多代謝機制對於貓狗也是一樣的，物種間最大的差異應該會是在「份量」上，有的動物可能需要吃多一些，有的多吃一些就會中毒，但是在食用有效量與過量的中間量的時候，這些植物營養素應該都是對身體有幫助的。再強調一次，營養素對身體再好，過量的時候都是毒，就像魚油（Omega-3），雖然我們已經知道很多魚油的好處，但是吃太多的時候一樣會有副作用，像是噁心、嘔吐、頭痛等。

所謂的植物營養素與我們傳統所說的「營養素」有些不同，傳統說的營養素，是維持身體代謝必需的成分，像是水、碳水化合物／膳食纖維、蛋白質、脂肪、維生素、礦物質，如果缺乏了這些必需營養素會出現「缺乏的症狀」，像是維生素 A 不足會夜盲症、維生素 K 不足會無法凝血，所以每天一定要吃夠，吃不夠是會生病的。植物營養素並不是「必需的」，也就是說沒有吃植物營養素並不會生病，但是這些植物營養素有特殊的「機能」，有的可以幫忙消化，有的可以幫忙身體代謝毒物，有的可以抗氧化預防老化與癌症，有的可以增加免疫力等。

舉例來說，大豆含有的大豆異黃酮（Soy Isoflavones）就是一種植物營

養素，在結構上與女性賀爾蒙類似，因為是植物來源所以我們也稱之為「植物雌激素」。已經有非常多的研究顯示大豆異黃酮有抗乳癌、調節血糖、減少心血管疾病的效果，但是在有女性賀爾蒙相關癌症的時候，有可能會增加乳癌的生長。

再舉一個我最喜歡給毛孩吃的水果——藍莓！我們家貓咪因為從小跟狗一起長大，所以也養成了可以吃藍莓的習慣，藍莓含有非常豐富的抗氧化劑像是花青素，這些抗氧化劑可以幫助預防老化、癌症、增加免疫力。加上其他豐富的維生素與礦物質、纖維素，營養學家們發現藍莓的好處不只是可以抗癌，還可以控制血糖、減少腹部脂肪、預防老年癡呆、減少心臟病、增進免疫力、降低膀胱感染機會……數不清的好處。

如果餵食「全肉食」，不只會有蛋白質過量的問題，這些植物內的好東西也都沒機會吃到了，我自己覺得是非常可惜的！

4.減少缺乏特定營養素的機會

如果要自己在家「準備食物」給親愛的毛孩吃，就算不計算全部的營養素，最少要計算基本的蛋白質、脂肪、碳水化合物跟鈣磷比，同時也記得要遵守「材料多元化」的原則。相較於簡單食材的情況，材料越豐富，變化越多，會營養不均衡的機會會比較小，但是如果堅持貓咪只能吃肉的時候，我們只剩下「動物來源」的食材，也就是增加了營養素不均衡的機會。

在沒有計算營養素，又飲食不夠多元化的情況下，就如同把全部的雞

蛋都放在一個籃子裡一般，運氣好營養夠均衡，但是大部分的時候運氣都不會太好，營養有可能會很不均勻。像是雞胸肉含有豐富的蛋白質、菸鹼素（維生素 B3）、維生素 B6、磷與硒，但是其他的營養素都很少。連很有營養的肝臟裡面，雖然有很多的營養素，可是維生素 D、維生素 E 以及維生素 K 的含量都不高。任何一種營養素如果缺乏，都有機會造成很嚴重的問題。就像 Ch8：生食真的很棒嗎？生食一定要注意的事項（P.113）所提到的，很多疾病發生的時候，我們並不知道是因為營養素缺乏造成的，比如缺少維生素 D 容易得癌症，雖然不能說得到癌症的病患都是因為缺乏了維生素 D，但是不能排除這些病患因為同時缺乏了維生素 D，所以得到癌症的機率增加了。

「感覺很健康」與「實際很健康」是有差距的，我們千萬不要讓「自己的感覺」害了毛孩的健康！

所以，貓咪應該怎麼吃？

1. 控制碳水化合物的含量

貓咪是肉食動物是不爭的事實，所以貓咪需要較多的蛋白質，以及限制碳水化合物的攝取量。其實不只是貓，連雜食動物的人類也是一樣的。傳統的營養學者說碳水化合物是最安全的食材，但是經過這幾年的研究後，營養學家發現碳水化合物並不是那麼安全，跟其他的營養素一樣，太多的碳水化合物是會造成健康問題的。對於肉食性動物貓咪來說，碳水化合物在 36％（DMB）以上的時候有可能會增加貓咪糖尿病的風險，所以在選擇

貓咪飼料或者是自己製作飲食的時候，除了關心蛋白質的含量外，也要特別計算碳水化合物的含量。提醒一下讀者，這裡所謂的 DMB 是 Dry Matter Basis，是在「不含水」的情況下營養素的含量，與飼料包裝上的顯示（As Fed）是不一樣的唷。

2. 適量的蛋白質才是最養生

美國飼料協會 AAFCO 對成貓的蛋白質建議量是 26%（DMB）以上，這個數字有兩個含義要詳細討論。

第一點，所謂的營養建議量，並不是真的「最低所需量」，前面已經提到過 NRC 對於貓的蛋白質最低需求量為 16%，所有營養素的「建議量」，都是以最低需求量為標準再增加所設定，以確保絕對不會缺乏。在均衡營養的情況下，26% DMB 的蛋白質是綽綽有餘的，但是如果把所有必需胺基酸最低需求量都符合的情況下，16% DMB 的蛋白質也是可以維持貓咪身體所需，所以可以看到一些「腎臟病處方飼料」的蛋白質含量比 26% DMB 更低，因為只要供給充分胺基酸，其實蛋白質的「最低攝取量」是可以低到 16% 的。如果把肉食當作主食，除了需要很多的錢以外，過多的蛋白質對健康可能不但沒有好處，還可能增加身體的負擔，最好還是三思而行。

第二點，蛋白質是由二十二種胺基酸所組成，其中有一部分是「必需胺基酸」，身體無法自己合成，一定要由食物中攝取。貓咪總共有十一種必需胺基酸，比人多了兩種必需胺基酸，其中一個是精胺酸（Arginine），主要負責體內「阿摩尼亞」的代謝，缺乏精胺酸的貓嚴重的情況可能會癲

癇、失去意識、甚至死亡。另一種是牛磺酸，是膽汁的重要成分（與脂肪消化相關），在維持心臟功能也是非常重要的。除了這兩個胺基酸是貓咪特別需要的之外，還有另外九個與人共同需要的必需胺基酸，而且這十一個必需胺基酸需要的量並不相同，上面的蛋白質建議量都是在「所有必需胺基酸」都沒有缺乏下所定的。

在蛋白質食材的選擇上，如果缺乏了某些胺基酸，那可能吃再多的蛋白質還是不夠的。拿貓咪特別需要的牛磺酸舉例來說，鳥類（雞）、魚類、以及小型哺乳類動物比較多，大型動物像是牛豬肉內含量較少，長期以豬肉或牛肉當主食的貓，有可能會有牛磺酸缺乏的機會，需要特別當心。

蛋白質的含量不能太少，得確保所有的必需胺基酸都吃夠了，也不需要太多，不要造成肝腎的負荷，在我看來，這樣的食物才是最安全的好飲食。吃得多不如吃得巧，所有營養素都一樣！肉食動物不是只能吃肉，不多不少的均衡飲食，才能活得更健康！

PART **3** 我與毛孩

如何餵食毛小孩：皮皮蛋蛋與豆豆布布的一天

狗一天應該吃幾餐

　　很多飼主問過這個問題，各家的看法也一直很見仁見智，有人說人要吃三餐，所以成犬（一歲以上）應該也要吃三餐，不過我想大部分的人都是餵食兩餐，甚至有人一天只餵一餐，因為要上班，所以中午那餐其實很難餵。在我的觀點，總熱量限制在需要量，其實餵三餐也好，餵兩餐也好，並沒有什麼太大的問題，但是餵一餐有點不大健康，一次的份量太多，讓胃被撐得很大，然後卻要二十四小時之後才有下一餐。雖然習慣之後狗狗並沒有表現出不適，但是我相信胃撐得很大然後又要很久都無法進食，感受到飢餓的時間一定會變得很長，似乎不是太人道。

　　但是未成年（不滿一歲）的小狗，就必須多餵幾次了！因為未成年的小狗狗們，他們的胃的空間較小，加上消化能力比較差，一次不能餵太多，以少量多餐的方式會比較健康。

　　通常小型犬（成犬體重 1 ～ 10 公斤）有體型限制，一次可以吃的份量也少很多，小於三個月的時候最好一天可以餵四至六次，體型越小的狗需要餵食的次數越多，第四個月開始可以慢慢減少次數，滿六個月之前最好每日餵食三至四次，第七個月到滿一年的期間可以餵食兩至三次，一歲之後就可以每天餵兩次了。

　　中型犬（成犬體重 11 ～ 26 公斤），或者是大型犬就比較沒有像小型犬體型上的問題，離乳（大約是第六週）後到滿三個月一天餵食四次就夠了，滿六個月之前一天餵食三次，滿六個月之後就可以一天餵食兩次。

　　上面一天要餵幾次，都只是參考值，每一隻狗狗的消化能力與容易飢餓的程度不同，最好還是按照每隻狗狗的狀態進行調整，這樣才能養出最健康最快樂的狗狗。

　　記住，千萬不要讓狗狗「自由進食」，一直有食物等待被食用的情況是最不健康的！曾經有一個美國的動物行為專家跟我說過，食物對於狗狗來說是很「珍貴」的，行為的養成，就是利用狗狗對食物的慾望，如果食物變成唾手可得的時候，我們就失去了鼓勵狗狗的工具。我很同意這樣的看法，但是我個人還是希望他們用來鼓勵狗狗有更好的行為的時候，千萬不要忘了計算營養成分以及熱量啊！

Tammie 小提醒：
皮皮蛋蛋與布布的一天

在我們家裡狗狗一天可以吃兩餐，而且晚餐後會有點心。

早上 6:30 早餐，晚上下班到家就給晚餐，因為下班時間不大一致，大概都七點左右會給他們吃晚餐。

我會特別留下 5 ～ 10％的卡路里讓他們在晚餐後吃點心，我們家常見的點心有藍莓、櫻桃（去籽後才能給唷）、青花菜、烤地瓜、蒸馬鈴薯、無糖優格、無鹽鍋巴、枸杞、還有當季的水果。

因為他們很小，所以其實能吃的不多，大多的時候都是一天一種，每天更換，只有在特定的節日，像是有毛孩生日、過年過節的時候，我會另外煮食物給他們吃。通常還是會 50％飼料加上 50％的新鮮食材，簡單計算過蛋白質、脂肪、碳水化合物以及鈣磷比後，才會料理，其實只是為了確保不會為了美味而忘記了營養均衡。如果真的很想餵毛孩一頓鮮食大餐，也沒有能力計算營養均不均衡的話，我建議還是一個月最多一次，這樣應該對於毛孩的身體不會有太大的影響，但是不代表那一餐可以吃全肉，就跟人吃的一樣，主食類、奶蛋肉類、青菜類、水果類都要有，才不會太過不均衡而影響到毛孩的健康唷。

貓咪的成長過程與 飲食習慣的建立

豆豆是別人撿到的流浪貓，估計當初撿到的時候大概出生不到十日。由於最初撿到的人不知道豆豆還需要吃奶，餵了幾天飼料，看豆豆都不吃，又轉送給別人，最後輾轉到了我手裡時是一隻大概兩週大、虛弱得連吃奶都快沒力氣的小傢伙。

遇到豆豆的時候，剛好是我在準備韓國獸醫執照國考的時候，說真的每天要定時餵奶，對於我來說是很「沉重的負擔」，但是秉持著實際飼養中學習的態度，我還是硬著頭皮將豆豆留下來，最後豆豆成為了我們家的一員。

很多愛媽對於飼養奶貓比我有更多的經驗，也形成了自己的習慣與方式，大多數的愛媽都會按照自己經驗做出一個最適合小貓跟自己習慣的做法，這種經驗談，我每次都聽得津津有味，也學到很多！我真心認為每一隻動物都應該有些許不一樣的「照護方式」，就像每個人的個性以及生活習慣不一樣一般，再加上很多教科書的做法有點「不人道」，忽略了「人的生活品質」，盜用一句養人小孩的話「媽媽健康，才有健康小孩」，所以豆豆的成長過程當中，我也沒有完全的照書養。這裏分享我如何參考教科書的指導，配合豆豆的狀態與我的生活作息修正的飼養方法，並不是希

望大家當作「標準」來追求，只是提供一個例子，讓大家知道教科書上的標準是可以按照真實需求而變動的，不用太過於在乎是否有精準的做到書上的標準，在我看來只要可以養出健康的小孩，什麼方法都是好方法！

先來了解看看一般幼貓餵食建議的方式：

出生週數（天）	每次餵食量（毫升）	建議一天奶總量（毫升）	建議餵食間隔	建議餵食次數
第一週（1～7）	2～6	33	2 小時	9～12
第二週（8～14）	6～10	56	2～3 小時	7～9
第三週（15～21）	10～14	80	3～4 小時	7～8
第四週（22～28）	14～18	104	4～5 小時	5～7
第五週（29～35）	18～22	128	5～6 小時	4～5
第六週～第八週	斷奶期	看離乳食量增加遞減	6 小時	4

正常情況下，一週前的小貓，建議夜晚盡量還是兩至三小時至少一次，因為剛出生的小貓一次能吃的份量很少。第二週開始夜晚的餵食次數可以慢慢減少，但是還是建議能四小時一次。從第三週開始如果食量夠大，那就不用刻意夜晚餵食，白天三至四小時一次，晚上大概六個小時一次就可以了。

　　我從小就超級喜歡動物，總是幻想我在路上能撿到小貓、小狗、小鳥……而且還真撿過一次摔傷的小鳥，可惜與我緣分太薄，傷勢太過嚴重，一天就跟我說掰掰了。我知道一定也有人跟我一樣愛動物，也隨時準備好在路上撿毛孩回家，但是最初一至二個月的期間對於小貓來說是很重要的時期，對貓咪最好的做法絕對是讓貓媽媽親自餵食，所以當我們在路上看到小貓仔，即使是非常興奮，也要多幫他們想一想，馬上帶他回家，可能並不是對他好，畢竟「世上只有媽媽好」，我們再細心的照顧也絕對比不上貓媽媽的，最後還有可能因為衝動而帶來不幸的結果。在路上看到小貓仔的時候，也不可以太開心地衝上去摸摸，因為當小貓沾上人類的味道時，會增加貓媽媽棄養的機會，對他們最好的做法是在充分的距離下觀察是否貓媽媽出現將小孩領養回去，只有在確定貓媽媽已經不再出現時才將小貓仔帶回家照顧。但是，千萬記得，毛孩是生命不是玩具，一旦我們決定要帶回家，就有一種責任，必須要把他照顧得好好的，奶貓是一種體力活，沒有準備好的人，千萬不要嘗試！

　　當初豆豆剛來家裡的時候雖然我估計他已經有兩週大了，可是因為豆豆很虛弱，吃得很少，所以白天只要他醒來，他能喝多少我就餵多少，晚上也是一樣。剛來家裡沒幾天他就習慣了我們家的作息，甚至晚上可以連續睡六小時，我沒有刻意按表操課每四小時叫他起床喝奶，因為我相信睡眠是最好的治療，也是最好的成長神丹，我將他的籠子放在睡房裡，他醒來的時候有時候自己會哭，有時候皮皮蛋蛋兩位哥哥也會叫我起來，所以只要我聽到豆豆起來了，我就會起來餵奶，也是他能喝多少就喝多少。

　　前面說過，豆豆來到我們家的時候，剛好是我在準備韓國獸醫師執照

國考的時候，我其實很矛盾，一方面希望他趕快可以斷奶自己吃飯，另一方面又很享受一個小生命對我依賴的過程，加上豆豆來的時候比一般貓咪虛弱，所以我心裡並沒有決定要不要要求他按照教科書上的時間斷奶。在豆豆進入第五週大的時候，我每天開始少量準備市售的小貓離乳食混合貓母乳，在餵奶之前擦在他鼻頭讓他舔舔看，一直到大概第六週，他開始自己少量吃起了離乳食配母乳，然後大約在七週半時開始全離乳食（罐頭），第九週開始食用離乳食＋幼貓乾飼料，十週開始全乾飼料。

我還記得當時隨著豆豆長大，距離國考的時間越來越近，我因為是首爾大學獸醫系第一個純外國人學生，所以每次到學校拿考試資料的時候，每一位教授都在幫我加油，還跟我說千萬不要落榜了，心理承受的壓力真的很難用言語來形容，幸好豆豆很幫忙，比我想得還快就可以完全自由進食吃幼貓乾飼料，讓心理的壓力舒緩了不少，到現在想起來當初豆豆第一次開始吃離乳食，第一次吃乾飼料，心裡面還會響起「哈里路亞」的音樂！

但是國考結束後，我就沒有再讓豆豆自由進食了，理由是他長得速度非常快，自由進食很有可能會造成豆豆肥胖的問題，同時，我也要開始到獸醫院報到上班，沒辦法每天在家裡定時給他飯吃。研究了各方對於貓咪進食次數的論文後，結論是貓咪一天最少要分成五餐，要不然一次進食吃入的碳水化合物可能會增加糖尿病的機會，所以如何一天至少五餐，又確保豆豆不會餓到，成了當時上班前很重要的課題。老公找到了一台很棒的自動餵食機，我測試了幾次，發現掉出來食物的份量很精準，但是有兩個美中不足，一是它最低份量是 20 克，另一個是它只能設定三次。之後網路變得更發達，老公又找到了可以通過網路與手機操作的自動餵食機，甚至

可以在外面遙控餵食的時間，這樣的機器真的很方便，但是每一次餵食的克數最少還是 20 克，而且克數一次進位是 5 克為單位，感覺還是有點美中不足，不過上一次逛寵物展的時候發現已經有最少克數為 5 克的產品，看到了真的很高興，希望以後會有以克為單位計算的產品，或者是可以幫忙計算熱量的產品，在科技越來越發達的同時，毛孩也一起受惠，相信一直會有更棒的產品出現，幫助我們好好照顧毛孩。

來跟大家分享一下，我是怎麼設定豆豆的餵食計畫的。

先確認豆豆一天需要吃多少熱量！

豆豆體重 6 公斤，結紮過的小男生，成貓（超過一歲），體型正常，估計需求因子為 1.2。（詳細計算方式請參考──Dr. Tammie 小提醒：毛孩一天到底要吃多少卡路里才夠？P.168）

DER（Daily Energy Requirements，日能量需求）＝ RER× 需求因子

體重（公斤）	RER（=70 x 體重$^{0.75}$）
0.5	42
1	70
1.5	95
2	118
2.5	140
3	160
3.5	179
4	198
4.5	216
5	234
6	268

按照計算 6 公斤的豆豆一天需要的熱量大概是 ：268×1.2=322 卡

豆豆一天要喝多少水 ？

貓咪飼主都知道水對貓咪很重要，要多喝水才可以預防泌尿道結石、膀胱炎、腎臟病等，但是到底自己的寶貝喝了多少水，要喝多少水，卻不是很了解。

對於貓咪一天到底需要多少水，說法與標準真的很多，就連計算要喝多少水的方式也有二種，一種是用每公斤體重需要多少水分，另一種是看吃了多少卡路里。

第一種方式計算，貓咪每公斤需要 44 ～ 66 毫升的水。豆豆因為是 6 公斤，所以一天需要 264 ～ 396 毫升的水。（6 × 44~66）

第二種還分了是吃濕飼料還是乾飼料，需要的水份量不同，只吃乾飼料的貓咪需要的水分較少，只需要吃卡路里的 0.6 ～ 0.7 倍，如果是吃罐頭（濕飼料）則需要 0.9 倍的卡路里量。一天所需熱量 322 大卡的豆豆，如果只吃乾飼料那需要 193 ～ 225 毫升（322× 0.6 ～ 0.7），如果吃濕飼料的話那需要 290 毫升（322×0.9）。

可以發現兩種方式建議量差異很大，我們家為了可以讓豆豆吸收足夠的水分，所以我們有人在家可以餵食的時候會用罐頭（濕飼料），只有我們不在家的時候才會用自動餵食機餵食乾飼料，所以也很難用熱量的方式

來計算必需飲水量。我思考了很久，最後決定不考慮豆豆平常自己喝多少水，為了確保豆豆飲水足夠，我在「餵飯」的時候同時提供每公斤 44 毫升的水分攝取量，也就是 44（毫升 / 公斤）×6（公斤）=264 毫升。

此外，與貓大不相同。一般而言，狗狗水分的需要量不分乾飼料或濕飼料，都是攝入的卡路里的同等份量，也就是說一天熱量吃 300 卡的狗狗就需要 300 毫升的水分。

為了達成「餵食」期間提供 264 毫升的水分，我會在罐頭中另外加水！貓咪的罐頭一個大概 80 克，含水量大約 80 ～ 95%，我們餵食的罐頭含有 90% 的水分，所以一個罐頭裡面含有的水分大約是 80× 90% = 72 毫升。一天如果給兩次罐頭，豆豆至少可以吃到 72×2=144 毫升的水分，乾飼料中水分含量大概 10%，忽略不計的話，在兩次吃罐頭的時候個加入 60 毫升的水分，最後總量就會是 144+60+60=264 毫升。

一個罐頭加入罐頭同等量的水大約也是 80 毫升（克）時，豆豆不能忍受，但是當我用一個罐頭配上大約 60 毫升的水的時候，豆豆還是可以吃得很香，我就用這樣的方式確保豆豆一天一定會喝到足夠的水分。

還有豆豆很喜歡在他爸爸回家洗腳的時候去喝他爸的洗腳水（這個小朋友不要學），所以我們也準備了一台一直在流動的貓咪飲水機，增加他喝水的機會。

決定餵食的份量

　　現在餵食的罐頭一罐 82 克，可以提供 60 卡；乾飼料每公斤（1,000 克）提供 3,290 卡，計算可以發現 1 克可以提供 3.29 卡。

　　貓咪對於食物很敏感，從小沒吃過或者說平日不習慣的食材與口感，很容易會生出抗拒的心理，所以為了讓豆豆吃到足夠的水分以及習慣罐頭的食感，從小我們就給他很多不同的食材與不同公司的產品。豆豆小時候，皮皮蛋蛋吃的點心像是青花菜、藍莓、枸杞、無糖優格等，我也都會幫豆豆準備一份，讓他習慣很多不同食材的味道與口感。

　　由於家裡白天沒有人可以餵食，所以罐頭只能在早上出門前跟下班後餵食，其他時間則用自動餵食機餵乾飼料。

豆豆一天需要熱量：322 卡
罐頭兩罐提供：120 卡
乾飼料提供：
322-120=202 卡，由於飼料 1 克提供 3.29 卡，
202（卡）／3.29（卡／克）=61 克

　　所以豆豆一天需要兩罐罐頭加上 61 克的飼料，因為一天要吃 5 次，兩次吃罐頭，3 次吃飼料的話，剛好一次飼料需要 20 克。

安排的餵食時間如下：

早上 7:00（出門前）主食罐一罐 82 克 +60cc 的水（60 卡）

早上 11:30 自動餵食機 20 克飼料（66 卡）

下午 4:30 自動餵食機 20 克飼料（66 卡）

晚上 9:30 主食罐一罐 82 克 +60 cc 的水（60 卡）

凌晨 2:00 自動餵食機 20 克飼料（66 卡）

　　這樣設定之後，工作並沒有完成，我們必須長期觀察豆豆的體態是否有變化，有沒有變瘦或者是變胖的情況，由於豆豆都住在家裡，活動量相對起來不是很高，所以比較容易會有變胖的情況，只要我們發現體態變胖了或者是體重增加了，我們會利用換熱量更低的飼料來餵食，為了不要讓豆豆感到太過的飢餓，我們通常會維持一樣一次 20 克，利用總熱量減少的方式，幫助豆豆維持健康的體態。

Tammie 小提醒：
貓咪不是應該自由進食嗎？

　　我的答案是：如果你的貓咪活動量非常大，每天都會有充足的運動，那或許可以嘗試無限制地自由進食，但是現在的貓咪大多是室內活動，也不需要像在野外一樣捕捉獵物，最常做的運動只剩下「眼球跟尾巴」的時候，自由進食絕對會造成貓咪的肥胖問題。

　　已經有很多的研究顯示，貓咪肥胖的問題會引起各種慢性的疾病，雖然我也覺得胖胖的貓咪很可愛，可是為了他們的健康，限制卡路里，維持良好的體態，不只是為了預防疾病，更是為了可以讓貓咪有更多的活動能力與生活品質唷！

　　有的貓咪變成限制時間跟份量餵食的時候，會因為不習慣而吃得很急，囫圇吞棗後沒多久又吐了出來，這時候可能需要一個預防快速進食的餵食碗，這樣的餵食碗中間有各種花紋突起，讓毛孩們沒辦法吃得很急，但是記得，狗跟貓嘴巴的構造不同，所以有些狗的餵食碗並不適合貓咪，最好選擇專門為貓咪製造的餵食碗，或者是第一次餵食的時候一定要在旁邊確認貓咪也是可以使用後，才能安心使用唷。

各類慢食碗

brake fast bowl　　eat slow bowl　　burapet slow
feed bowl

dog pause bowl　　eat slower
pet bowl　　slow 'em down
metal bowl

豆腐變成布布（腐腐）
公主的故事

　　我的第四隻寶貝──布布（腐腐）是一隻可愛的女生白博美，如果不說應該看不出來她有一個悲慘的出生。

　　我永遠不會忘記那個與豆腐相遇的早晨。當初我還在醫院工作，當天我負責早班，7:10 到醫院的時候豆腐的籠子是打開的，她小小的身軀全身強烈痙攣完全沒有意識地躺在 ICU（加護籠子）裡面，詢問過晚班的同事得知她是凌晨由一位男飼主送到醫院，已經由夜班醫師急救過，但是打了兩種高劑量的抗痙攣藥還是沒有辦法把她的全身抽筋的情況停止住。因為皮皮也有癲癇的毛病，每每他發作的時候，我都會抱著他直到發作結束，所以當看到這隻叫豆腐的小朋友全身抽筋不止，我馬上把她抱起來想給她一點溫暖……可是狀況並沒有因為我的安撫而變好，為了停止痙攣的症狀，我跟其他醫師討論後決定要用鎮靜劑讓她完全睡著，我們也跟飼主說如果還是沒效，我們只能選擇安樂死，我們也跟飼主確認了這是她第一次發作，然而飼主並不願意明確說明發作前到底發生了些什麼事。

　　由於一般劑量的鎮靜劑都無法停止她的狀況，我只好一加再加，終於，她停止了痙攣沉睡了起來，但是她卻像睡美人一樣，一睡不醒。等我有空計算使用劑量後才發現，在急救的過程中，我們施打的劑量太高了，我心裡湧起了很強烈的自責感，我想都是我的錯，我只想到趕快把抽筋停住，沒有一直在監控總量，這麼大的劑量打下去，她可能不會醒了。每次經過她開著門的籠子，看著她平穩的呼吸，我都會摸著她暗自禱告，乞求老天爺讓她醒來，我什麼都願意做。

　　就這樣過了三天，我站在她的籠子前面摸著她的小身體祈禱的時候，

她突然醒了，用很朦朧的眼神看著我，我高興得心臟都要跳出來了，豆腐沒有死！豆腐醒了！但是，她醒來後另一個挑戰才開始，因為她是全身痙攣而入院，按照正常的流程我們得持續給她吃抗痙攣藥，確定她不會再發作後，才能讓飼主把她帶回家，但是沒有人能餵她藥！因為任何人只要開籠子她就會躲到籠子角落用超高音尖叫，所有助理都被她咬到流血，然而很奇怪地，只有我開門的時候她不會尖叫，只有我餵她藥的時候她會嘴下留情，最後她所有的藥跟飯都是由我負責的。

當我們已經確認她不用住院，只要持續吃癲癇藥預防發作就可以的時候，飼主一聽到住院與治療費後，假裝打電話走出醫院後就沒有再回來過醫院了……天知道我因為特別喜歡豆腐已經少收了好多錢！事後才知道，豆腐是被男飼主打到發作的，他不只打了狗還打了他女朋友，由於女朋友也被打到住院，所以一直到出院後才打電話來確認豆腐的狀況，但是當她聽到價錢後也是再也聯絡不到了。

意識到飼主不會再回來之後，我每天看著無家可歸的豆腐，心裡一直很掙扎，因為家裡已經有兩狗一貓了，兩隻狗一隻是綜合醫院（皮皮），一隻眼瞎（蛋蛋），當時豆豆年紀很小完全是一隻小老虎，老早就忙得不可開交的我，真的有能力把她帶回家嗎？

可是很巧的是前面三隻寶貝是用我最喜歡的食物「皮蛋豆腐」的順序命名的，收集了皮皮、蛋蛋與豆豆，名字叫做豆腐的她會不會就是我命中注定的腐腐？而且又這麼剛好她的名字就叫做豆「腐」？

　　同時在醫院裡面豆腐又只喜歡我，就在同事們半逼迫的情況下，我決定找一個週末把她帶回家住一天，看看其他三寶的反應，可是三寶還沒表態的時候老公就先說 No 了！不知道是不是因為豆腐被之前男性主人打到癲癇，對任何人尤其是男生都很有戒心，所以一帶回家老公連摸都沒辦法摸豆腐，不只會用魔音穿腦回應，甚至會齜牙咧嘴馬上咬下去，最後我只好心痛地把她送回醫院。

　　雖然豆腐對我特別鍾情，但是老公的堅決反對，我只好放棄她，還好豆腐是一個不折不扣的小美女，醫院其他的醫師與助理也有考慮要帶她回家，剛好當時我要回台灣一趟，跟醫師跟助理交代了這段時間希望他們能好好照顧豆腐，期待他們能趁我不在的時候與她培養出深厚的感情。回台灣一個禮拜之後回到醫院，豆腐看到我像瘋掉一樣，用我們家那三隻都沒有過的熱情迎接我，完全不理會那位也想帶她回家的助理，助理氣得說當我不在的時候豆腐可喜歡她了，他們渡過了非常美好的一個禮拜，沒想到等我一回來，豆腐又把她當陌生人，完全無視於她的存在，助理說她要放棄了，而且要求我盡快把豆腐帶回家。

　　思前想後掙扎了幾天，每天去醫院都看到她對我的愛與依戀，我想豆腐在生病時遇到了我，我也曾經在籠子前面答應她只要她醒來我什麼都願意做，最後她不但醒來了，還選擇認定了我，我想這一定是我們的緣分。結果我不顧老公的反對，讓她進入我們家門正式成為「腐腐」，但是因為腐腐這名字感覺起來很脆弱，所以改叫韓文腐腐的發音「布布」，就這樣我們不再三缺一，皮蛋豆腐（布布）總集合了！

　　布布回家後，我把治療癲癇的西藥停了，改吃中藥，運氣很好地布布到現在都沒再發作過，而布布從剛開始完全不能讓別人碰，到現在也會跟爸爸親親，最感人的是我在哪她就在哪，如果半夜我不舒服起床，她再累也會起來陪我，反觀皮蛋豆跟他們老爸一樣睡得像豬一樣。

　　因為布布我才知道被拋棄過的狗狗可以比從小養的狗還來的親人，因為他們更珍惜這得來不易的愛與幸福。感謝她走入我的生命，也感謝她讓我又多學了一課！領養不棄養！毛孩是家人，不是玩具！

如何看待安樂死

這本書的最後一篇，我想來談談我對「死亡」──安樂死的看法。

我愛我的毛寶貝勝過一切，說實在話我也很難想像如果有一天他們得了不治之症，那我能不能狠下心來讓他們安樂死。據我個人不負責任統計學的了解，台灣人與韓國人普遍認為安樂死是一個「不好」的事情，可是在獸醫的角度來看，安樂死在寵物「無法治療」的時候其實是一個不可多得的好選擇。

雖然我也很捨不得我的寶貝，但是身為一位獸醫，安樂死一直是在得了「不治之症」時的好選擇，而且可能是對動物、對主人來說最「正確的選擇」。在美國寵物安樂死的比例很高，因為他們很現實地考慮了花費的金錢與時間是否能造成一樣的「回報」，而在台灣與韓國的醫院裡面看過太多的飼主不願放棄治療，砸下重金只為讓自己的寶貝能多活幾天，但是在毛孩生病與治療的過程，不只是飼主，連毛孩都是很痛苦的考驗，每天打針、吃藥，脾氣再好的狗狗與貓貓都會慢慢忍不住生氣，最後常常會出現攻擊醫療人員或者是飼主的情況。有的時候毛孩早已進入彌留狀態，意識全無，如果沒有點滴與呼吸器，就是一個沒有生命的空殼，每個小時的眼藥，每次的餵藥打針與強迫餵食，我都想問這真是對病患好的嗎？或許我們只是在做一個寬慰飼主的行為，而飼主真的會因為多這幾天而感到開心嗎？

特別是貓咪，一種很難搞的病患，他們可以很可愛，也可以很可怕！尤其是如果貓咪不幸得到了腎衰竭，前面已經說過按照西醫的說法，腎功能喪失是沒辦法治療的，最多只能做到維持與防止惡化，但是我們想過有

沒有可能「防止惡化的行為」對貓咪來說都是折磨？

曾經看過溫馴的像小狗一樣的貓咪，經過半年「防止惡化」的醫療後，她怨恨主人，討厭獸醫，她似乎覺得全世界都像在與她為敵，甚至連餵飯都成了她與飼主（當然還有醫療人員）的痛苦！想像一下完全吃不下的時候有人硬掰開你的嘴來硬灌？加上每天一次的皮下注射，還有好幾種每天數不清楚要吃幾次，超級難吃的藥？有事沒事還要被帶到那個充滿藥水味、和其他貓咪狗狗體味排泄物的地方抽血檢查。

毛孩聽不懂人話，當然也就不知道主人到底是為什麼折磨自己，即使狗狗可能用「愛」來化解這一切痛苦，但是貓咪應該就沒那麼好講話了，時間一長毛孩會開始與我們疏遠，會感到生氣，甚至情緒暴發，開始攻擊！

我們又是如何感覺呢？錢，我們可能不介意，時間，我們也覺得值得，但是這些努力到底得到的是什麼？如果得到的不是痊癒、愛與幸福，而是慢慢越來越衰弱的毛孩，加上生氣與無奈，那真的是我們要的嗎？口口聲聲的說是為他們好，而他們真的有因為我們而比較好嗎？

我跟大部分飼主一樣捨不得將自己的寶貝安樂死，但是如果真的有需要的那一天，我希望我自己可以鼓起勇氣送他們離開。在那之前，讓我們盡我們的全力讓他們在我們的身邊久一點，正確的飲食，均衡的營養，還有安全的環境，充足的運動，這些都是我們可以做到的，當我們盡了全力之後，讓我們開心地送他們離開，然後不恐懼再領養一隻毛孩，讓這美麗關係永遠得到延續，讓我們的愛繼續傳出去！

後記

　　首先，非常感謝你一直讀到了這一頁！除了希望這本書沒有讓你感到失望之外，更希望因為這本書，你會更懂得如何照顧毛孩，也懂得如何照顧自己與自己心愛的家人。

　　再來，我要特別感謝我四隻可愛的毛寶貝皮皮、蛋蛋、豆豆、布布，一路陪著我，當我的實驗對象。還要感謝一路支持我念營養學念獸醫的爸爸、媽媽、姊姊還有把我當毛孩寵的老公！沒有他們一路上的支持，我想我老早就放棄了。

　　2012 年 9 月，我們家的蛋蛋因為不明原因造成了視網膜剝離，在他才五歲的時候失去了光明。

　　我永遠記得發現他失去視力的那個晚上，他像平常一樣趴在床邊哭泣，以前他常常因為玩具掉到床底下拿不出來，趴在床邊哭著要我們去幫忙拿，沒想到我到了床邊趴在地上並沒有看到任何的玩具，為了哄他開心，分散他的注意力，我拿出點心跟他說：「我們來吃點心吧！」

　　沒想到他的眼睛完全不能對焦，根本找不到他最喜歡的點心在哪裡，我惶恐地仔細檢查，才發現一隻眼睛裡面充滿了血，而且兩隻眼睛的視力

都沒有了！這是我生平第二次抱著我的狗哭著衝去醫院，經過詳細的檢查才診斷出他兩隻眼睛都因為視網膜剝離而失明了。

視網膜剝離的情況下，視網膜上的感光細胞無法從眼底的血管得到養分與氧氣，時間久了會慢慢退化與死亡，一旦感光細胞死亡後就再也無法恢復視力了。非常感謝首爾大的眼科徐教授緊急替蛋蛋進行眼科手術，成功地將蛋蛋的視網膜貼回到眼底，但是，應該是我發現失明的時候已經太晚了，所以即使手術很成功，蛋蛋的眼睛還是看不見了。

想到這，心裡還是很難過，當初為了照顧他，每天揹著他去學校，邊上課邊點眼藥，下課的時候，帶他到動物醫院的公園裡面上廁所，可惜點不完的眼藥以及成功的手術，還是沒有救回他的視力，不過雖然蛋蛋還是看不見，但在手術與恢復的幾個月當中與蛋蛋二十四小時的相處，蛋蛋與我們都沒有遺憾地一起受到救贖！

可是每一次只要想到他在床邊哭泣的原因不是為了拿不到的玩具，而是為了他看不見的眼睛，心裡都還是很痛，連老公這個男兒有淚不輕彈的韓國人，也不知道為了蛋蛋的眼睛流下了多少眼淚。

不過，因為蛋蛋，真的讓我學到很多。

以前常常不懂怎麼有父母能忍受自己的小孩是身心障礙，我一直以為如果自己生了一個不正常的小孩，一定會理性與冷酷地送他上天堂，但是，經過了蛋蛋失明的事件之後，我才發現，一個不完整的小孩，他雖然不完

整，但是對於爸媽而言都是寶貝，能夠陪伴在他們身邊，即使他們不完整，我們也很幸福。或許我們會忍不住為了他們的不完美而傷心，但哪怕他們能做一點正常小孩能做的事，也能讓我們開心地打從心裡微笑！

經過蛋蛋失明事件之後，我更能夠了解飼主的心情，身為一位「病患」的父母，原來就是這樣的感覺。緊張地搓著手在手術室外徘徊，祈禱手術成功，二十四小時每隔五分鐘點眼藥，幫家裡每一個凸出來的「角」貼上安全保護墊和噴上香水（為了讓他們用氣味辨認位置），在候診室裡與其他飼主們一起討論寶貝們的病情……每一個毛孩都是某個人的寶貝，我有責任也有義務，幫助飼主與毛孩們可以早些恢復到接近正常的生活，安撫飼主不安與害怕的心情，用真心告訴他們我們知道他們的感受，我們與他們同在，請他們相信我們會盡最大的努力，對待他們的毛孩就有如我們自己的小孩！

還有，毛孩們真的比我們想像的還要堅強許多，現在蛋蛋已經十二歲了，每天像沒事般地跟著皮皮哥哥，追逐豆豆（貓）弟弟，太無聊的時候還會跟布布妹妹吵吵架，甚至我們跟別人說蛋蛋因為失明所以很膽小的時候，大部分的人都看不出來，覺得蛋蛋這樣活潑完全不像失明的小狗。因為毛孩的適應力真的很好，所以只要飼主們做好足夠的功課與準備，毛孩很快就有機會回到正常的生活，如果你也正在面對失去視力的毛孩，請千萬不要灰心，只要我們比他更努力，好好學習如何照顧失明的毛孩，把安全的環境準備好，相信他們很快就會在我們的幫助下找回原本一樣快樂的生活。

雖然我偶爾還是會難過蛋蛋再也看不見這世界，看不到我們，也看不到他最愛的白雪，但是我真的很感謝他正面又快樂地面對這世界，完全沒有被命運打敗，好手好腳又看得見的我們，是不是應該要更加油呢！

我的四個寶貝──皮蛋豆布，都是我生命的老師，他們不只教我如何愛，如何信任，也教我如何做一個好父母，還告訴我如何當一個好獸醫，懇請大家，一定要好好愛惜身邊的毛孩，他們回報給我們的絕對不只是滿滿的愛！

我要感謝每一個在我身邊幫我加油的朋友還有工作上的夥伴們尤其是我的特別助理 Daphne，沒有他們的鼓勵與包容，我是不可能在這麼忙碌的狀況下把這本書完成的。

初期計畫寫這本書的時候我爸爸（王唯工教授）因病離世，在他去世之前，我一直以為自己會一輩子旅居在韓國，然後終身做一個專門研究寵物營養的獸醫師，但是有一天，他躺在病床上跟我說，他很高興他快要可以離開這個世界，而我以為是癌症的痛苦讓他感到厭世，沒想到，他居然說，他在這個世界已經沒有辦法再多做些什麼，希望自己趕快到另一個世界繼續做研究造福那邊的人！

那時候，我才意識到爸爸做了一輩子超過三十年的中醫科學化研究，從頭到尾都是為了「造福人類」，而在這個世上他最依依不捨的就是他一輩子的研究，所以當時我想都沒想地答應了他，這世界上中醫科學化的研究，我會盡我全力繼續做下去，請他就放心地到另外一個世界繼續努力吧！

等到我的時間到了，我會親自去跟他報告我們的進展。

　　就這樣，我的世界有了極大的改變，離開韓國回到台灣，拋下在韓國的老公與「毛孩」們，接下了爸爸的公司，從一個在韓國小有名氣的寵物營養專業獸醫師，變成了一家研究開發中醫脈診科學化，沒沒無聞的新創公司老闆，一心希望可以將中醫把脈數位化，幫助「人類」獲得健康，預防疾病，期待做到中西合璧，共同為人類的健康盡一分力量。

　　這一本書是送給自己的一個里程碑，也是我送給跟我一樣愛毛寶貝的朋友們的一個禮物，希望經由我這幾年所看所聽所學所想，讓大家一起把自己的寶貝照顧好。

　　希望在不久的將來，我們會開發出給毛孩使用的科學脈診，到時候毛孩可以像人一樣地把脈，當我們更了解毛孩的時候，就有機會找出更適合他們的飲食，當我們可以看到可能會發生的疾病時，我們就可以跟對待人一樣在生病之前先做出預防。到時候，我會再來跟大家分享如何用脈象結果來照顧我們的毛寶貝！那我不只完成了答應爸爸繼續造福人類的願望，也達成了我自己造福毛孩的希望，真心期待那一天早日到達！

　　再次感謝您的閱讀！真心祝福您闔家幸福與健康平安！

王恬中 2019.4.17

smile 166
韓國人氣獸醫師教你如何幫毛小孩正確飲食

作者：王恬中
封面設計：Sandy
插畫：Dinner Illustration
校對：李小鳴
推薦序翻譯：張雅眉
協力編輯：吳憶鈴
責任編輯：賀郁文
出版者：大塊文化出版股份有限公司
www.locuspublishing.com
台北市 105022 南京東路四段 25 號 11 樓
讀者服務專線：0800-006689
TEL：(02) 87123898　FAX：(02)87123897
郵撥帳號：18955675
戶名：大塊文化出版股份有限公司
法律顧問：董安丹律師、顧慕堯律師

總經銷：大和書報圖書股份有限公司
地址：新北市新莊區五工五路 2 號
TEL：(02) 89902588　FAX：(02) 22901658

製版：瑞豐實業股份有限公司

初版一刷：2019 年 9 月
初版五刷：2023 年 6 月
定價：新台幣 380 元
Printed in Taiwan

國家圖書館出版品預行編目資料

韓國人氣獸醫師教你如何幫毛小孩正確飲食/ 王恬中作. -- 一版.
-- 臺北市：大塊文化, 2019.09
　　面；　公分. -- (Smile ; 166)
ISBN 978-986-5406-07-3(平裝)

1.犬 2.貓 3.寵物飼養 4.健康飲食

437.354　　　　　　　　　　　　　　　　　108013576

LOCUS

LOCUS

LOCUS

LOCUS